괴물 X 과학 안내서

괴물 X 과학 안내서

science monster

과학이 잠들면 괴물이 깨어난다

곽재식 지음

우리학교

차례

3부_괴물 물리학

4부_괴물 공학

드라큘라는
살아서
지하실에
있다!

서문

어렸을 때 내가 살던 건물은 입구에 들어서면 항상 지하실로 가는 계단이 먼저 눈에 들어왔다. 그 계단으로 조금만 내려가면 벽면에 누가 굵은 까만색 펜으로 써 놓은 글씨가 보였다. 그 첫 부분은 아직도 기억하고 있다.

"드라큘라는 살아서 지하실에 있다."

그다음에도 뭐라고 길게 쓰여 있었는데 뒷부분부터는 많은 내용이 지워져 있었다. 그 글귀를 처음 쓴 사람이 무엇인가 마음에 들지 않아서 까맣게 칠한 부분도 있었고, 누군가 일부러 지워서 없앤 부분도 있었다. 번지거나 닳아서 없어진 흔적도 보였다.

그때 나는 초등학교 2학년 정도 되었었다. 나는 언뜻 '정말로 지하실에 드라큘라가 있을까?' 하는 생각이 들었다. 지하실로 들어

가는 입구는 대낮에도 어두컴컴하고 황량해 보였다. 전등이 켜져 있는 것도 아니어서 안쪽은 도저히 뭐가 있는지 알 수 없을 만큼 그저 검게만 보였다. 그러면서도 지하실은 제법 넓어서 그 앞쪽으로 다가가면 빈 공간을 휘돌며 지나가는 바람 소리가 항상 들리는 듯싶었다. 뭔가 있다면 있어도 될 법한 느낌이었다. 나는 그 지하실에 들어가 본 적이 한 번도 없다. 지금도 나는 그곳에 정말로 무엇이 있었는지는 모른다.

글씨의 지워진 부분은 어쩐지 "이러저러하게 되면 드라큘라가 다시 살아서 튀어나온다."라거나 "어떤 어떤 행동은 하지 말라. 만약 하면 드라큘라가 밤에 너를 찾아온다."와 비슷한 내용일 것 같다는 느낌이 들었다. 그러니까 드라큘라를 조심하라는 안내문이기도 하면서 전설이나 신화에 자주 등장하는 "무엇무엇은 하면 안 된다."라는 금기를 일러 주는 내용 같기도 했다. 그래서 더 신기하고 그럴듯해 보였다. 애초에 건물 지하실 입구에 알 수 없는 글귀가 지저분하게 쓰여 있다는 일 그 자체에도 음침한 느낌이 있다. 도대체 누가 여기에 들어왔을까? 무슨 생각으로 왜 여기까지 와서 어떤 표정을 지으며 이런 글을 썼을까?

지금 생각해 보면 그 글귀는 아마도 어떤 어린이가 장난으로 낙서해 놓은 것 아닌가 싶다. 그런 짐작을 굳힐 만한 근거도 어느 정도 있다. 그 무렵 MBC 텔레비전에서 영국 해머영화사가 제작한 〈드라큘라〉 시리즈 중 한 편을 방송했었다. 일찍 자지 않고 밤늦게까지 텔레비전 앞에 앉아 있던 몇몇 어린이들에게 이 영화는 굉장한 충격을 주었을 것이다. 아직까지도 우리나라에는 해머영화사에서 배우 크리스토퍼 리가 연기한 드라큘라가 무엇보다 가장 선명한 드라큘라의 모습으로 널리 퍼져 있다. 크리스토퍼 리는 이후에 〈반지의 제왕〉 시리즈나 〈스타워즈〉 시리즈처럼 훨씬 더 흥행한 영화에 등장하기도 했다. 하지만 한국의 영화 좋아하는 사람들 사이에서 크리스토퍼 리라고 하면, 역시 드라큘라 역할로 유명한 배우라는 생각을 가장 먼저 떠올리지 않을까 싶다.

세상에서 드라큘라 역할로 가장 유명한 배우가 연기하는 〈드라큘라〉를 본 어린이들은 한동안 그 강렬한 모습에 빠져 있었을 것이다. 몇몇 어린이들은 밤에 잠자리에 누우면 그 괴상한 모습이 떠올라 잠들 수 없었을 것이고, 악몽에 시달리거나 어두운 곳에 가기를 무서워하게 되었을 것이다. 그러니 이야기를 지어내기 좋아하는 한 어린이가 '저 음산해 보이는 지하실에 드라큘라가 있다면 얼마나 어울릴까?'라는 상상으로 낙서를 했을 가능성은 충분하다.

아니면 다른 친구나 동생을 겁주기 위해 몰래 그런 낙서를 해 놓았을 수도 있다. 영국 해머영화사에서 나온 〈드라큘라〉의 속편

영화들을 보다 보면, 드라큘라가 묻혀 있는 자리에 우연히 피가 묻었을 때 드라큘라가 다시 살아난다는 식의 줄거리가 몇 차례 나온다. 그 비슷한 장면을 보고 쓴 글일 수도 있다.

집에 올 때마다 매번 그 글귀는 내 눈에 뜨였다. 도대체 무슨 사연이 있는 이야기일까? 어떤 때는 무서운 생각이 들어서 일부러 고개를 돌려 그 글귀를 안 보려고 노력하기도 했다. 그럴 때면 꼭 옆에서 무엇이 스멀거리며 따라오는 것 같았다. 고개만 돌리면 그 글귀가 적혀 있는 지하실 벽이 바로 눈앞에 보일 것 같은 느낌이 강하게 들었다.

마침 그 무렵 나는 드라큘라와 비슷한 이상한 괴물 이야기에 관심이 많았다. 세상에서 쉽게 볼 수 없는 신기한 생물이 어디인가에 있을지도 모른다는 상상, 그런 생물이 지금 우리 앞에 나타나면 얼마나 놀라울까 하는 상상은 호기심을 돋우는 일이었다. 심지어 아버지께서도 내가 그런 이야기를 좋아하는 것을 눈치채고 계셨다. 아버지께서는 나와 같이 길을 걷거나 어딘가로 가다가 내가 너무 지루해하는 것 같으면 적당히 지어낸 이런저런 괴물 이야기를 해 주시곤 했다.

아버지께서 가장 많이 꺼낸 이야기는 '천 톤짜리 공룡'이었다. 어마어마하게 큰 공룡 괴물이 이 동네에 나타나면 어떻게 될 것인가, 하는 소재로 길을 걸어가면서 눈에 뜨이는 게 있으면 대충 그에 관한 이야기를 지어내 들려주셨다. 그런 이야기를 들으면 먼 길을 갈 때도 시간이 잘 지나갔다. 커다란 빌딩이 있는 길에서는 "천 톤짜리 공룡이 있으면 저 빌딩 몇 층 높이는 되겠지."라는 이야기를 해 주셨고, 큰 트럭이 지나가면 "천 톤짜리 공룡한테는 저런 트럭도 신발 크기 정도밖에 안 될 것이다."라는 이야기를 해 주셨다. 동네 바깥으로 조금 나가면 큰 저수지가 하나 있었는데 그 옆을 지날 때면 "천 톤짜리 공룡이 저 저수지 물을 마시면 두 시간이면 바닥이 드러나지 않을까?"라고 하셨다. 나는 그 말을 들으며 저수지를 쳐다보았는데 어마어마하게 큰 공룡이 나타나 저수지 물가에서 물을 들이마시는 모습이 생생하게 머릿속에 떠올랐다. 그 상상 속 풍경은 지금도 생각이 난다.

괴물 이야기에 점점 빠져든 끝에 나는 스케치북에 이런저런 괴물 그림을 그리며 놀기도 했다. 한번은 괴물과 맞서 싸우는 영웅을 상상하며 영웅이 물리쳐야만 하는 괴물들을 소개해 주는 책자 느낌으로 스케치북을 꾸몄다. 동화책이나 텔레비전에서 본 괴물과 비슷한 모습을 그려 놓고 그 괴물의 특징과 주의할 점, 약점 같은 것을 내 마음 내키는 대로 써 놓기도 했다. 그 무렵 나는 말에 'ㅊ', 'ㅋ', 'ㅌ', 'ㅍ' 같은 발음이 들어가면 괜히 이국적이고 멋있다고 생각해서 괴물 이름도 최대한 그런 느낌으로 지어 붙였다. '차카우프: 물에서 사는 거대한 악어 모양의 괴물. 식초 냄새에 약하다.'라든가, '톨레페우스: 박쥐 날개가 달린 뱀 모양의 괴물. 이 괴물에 물릴 경우 그 독을 치료할 수 있는 약이 없다.' 따위의 말을 괴물 그림 위에 써 놓은 것을 열 몇 장 만들었다. 그렇게 그려 놓고 보니 제법 뿌듯하기도 했다.

세월이 지나 지금 내가 쓴 이 책은 어릴 때 내가 만들었던 그 스케치북과 비슷하다. 내가 적당히 지어낸 괴물 대신 전설이나 이야기책을 통해 사람들에게 잘 알려진 괴물이 등장한다는 점이 다를 뿐이다. 괴물이라고 하면 보통 흉측하고 무서운 것을 먼저 떠올리기 마련인데, 사실 무엇인가가 흉측하거나 무섭다는 것은 생각하기 나름이라 문화에 따라 얼마든지 달라질 수 있는 일이다. 유럽에서 용은 악마의 상징인 경우가 많았지만, 한국에서는 용을 신령스러운 숭배의 대상으로 생각했다는 사실은 아주 잘 알려져 있다. 박쥐 같은 짐승도 유럽에서는 사악함과 징그러움의 상징으로 등장할 때가 많았지만 한국에서는 박쥐를 나타내는 한자인 복蝠 자가 복이 들어온다는 복福 자와 발음이 같아 오히려 행운의 상징으로 박쥐 모양을 여기저기에 많이 그려 넣었다. 그래서 이 책에서는 흉측하고 무서운 괴물뿐 아니라, 세상에 없는 상상 속의 생물로서 신비한 것들을 모두 같이 다루었다.

괴물에 관해 설명한 내용도 어릴 적 스케치북에 썼던 것보다 한층 발전시켰다. "'ㅊ', 'ㅋ', 'ㅌ', 'ㅍ' 같은 발음이 들어가면 멋있다."라는 수준에서 벗어나 수백 년 전 옛 문헌에 실린 오래된 기록부터 최근 과학 논문에 실린 전문적인 연구 결과까지 괴물에 대한 여러 가지 생각을 연결해 보려고 애썼다. 마침 나는 어른으로 자라나는 동안 과학기술 분야에서 일하면서 이런저런 과학·공학 분야의 지식을 익힐 기회가 있었다. 그래서 나는 괴물에 관한 이야기를 엮어 쓰면서 최대한 과학기술을 바탕으로 이야깃거리를 끌어내려 노력했다.

본래 과학기술은 여러 가지 추정과 예상에 유용한 방법이다. 일기예보 같은 몇몇 과학기술 분야는 추정과 예상을 아예 가장 중요한 목표로 삼고 있기도 하다. 발자국 하나에서 그 발자국을 남긴 사람의 직업, 나이, 성격을 추측해 보는 수사와 추리 기법, 멸종된 동물의 뼛조각 몇 개로 그 동물의 모습과 습성을 추측하는 기술, 간단한 중력의 원리에서 온갖 행성과 별의 움직임을 계산해 궤도를 예측하는 방법까지, 과학기술은 적은 단서에서부터 많은 이야기를 이끌어 내는 데 널리 사용되는 믿음직한 방법이다.

그러므로 이 책은 괴물에 관한 전설과 소문을 단서 삼아 과학기술의 언어로 괴물의 정체와 그 삶을 상상한 이야기책이다. 나는 각각의 괴물마다 화학, 생물학, 물리학, 공학 등 어느 한 가지 분야를 특히 많이 활용해서 이야기를 끌어 나갔는데, 괴물의 모습을 따져 보는 일이 한 가지 과학만으로는 부족하기 마련이어서 한 가지 이야기 속에도 보통 여러 분야의 과학기술 이야기가 같이 담긴 경우도 많다. 사실 과학기술 분야를 실제로 연구해 보면 시험 과목이 나뉘어 있는 모양과는 달리 애초부터 서로 다른 분야들이 긴밀히 연결되는 일이 흔하다. 예를 들어 열역학이라는 학문에는 물리학과 화학이 함께 필요하고, 아미노산의 구조를 분석하려면 화학과 생물학을 같이 다루어야 한다.

물론 괴물 이야기는 애초에 상상의 결과일 뿐이다. 그런 만큼 여기서 다루는 과학기술의 내용은 진지하고 심각한 탐구라기보다는 "이럴 수도 있지 않겠는가?" 하는 재미있는 놀이에 가까운 이야기다. 그래도 이런 놀이 덕분에 과학기술에 대한 지식을 좀 더 가깝게 느끼고, 과학기술을 어떻게 세상 여러 문제에 적용하는지 더 잘 이해할 기회가 된다면 무척 즐거운 일일 것이다.

또한 과학기술로 괴물의 여러 가지 면모를 살펴보는 가운데 '어떤 괴물은 나쁘다.' 또는 '어떤 괴물은 아름답다.'라는 한 가지 단편적인 인상을 넘어서서 모든 괴물에게 다양하고 입체적인 성격이 있을 수 있다는 점을 느낀다면 더욱 좋겠다. 세상은 입체적일 수밖에 없고 세상을 관찰한 결과가 과학인 만큼, 과학기술의 눈으로 살펴본 전설과 신화는 선악과 흑백을 넘어 다양한 이야기를 드러낼 수 있다. 나는 그 점이 이 책의 묘미라고 생각한다.

지난해에 나는 어릴 때 살던 동네에 새로 건설된 도서관에서 무슨 강연 요청을 받아, 참으로 오래간만에 그 동네에 다시 가 보게 되었다. 낙서가 적혀 있던 그 건물은 마침 재건축으로 완전히 철거되어 지금은 흙먼지 날리는 공사 현장으로 변해 있었다. 한편 아버지께서 천 톤짜리 공룡이 마셔 없앨 수 있다는 이야기를 해 주셨던 저수지는 꽃나무를 심어 놓은 공원이 되어 있었다. 세상이 이렇게 변할 수도 있구나 싶어 놀랍기도 했는데, 한편으로는 건설 회사에서 건물 지하실을 없앨 때 별일이 없었기를 바라는 마음이 아주 잠깐 들기도 했다.

2020년 충주에서
곽재식

흡혈귀 #피 #공포 #생체에너지물질 #진화

용 #당나귀귀 #화학반응 #메테인 #미생물

오공원 #절지동물 #지네호텔 #바이오매스 #넓이대부피

불가살이 #삿갓조개 #신소재 #철산화세균 #공생

1부

괴물 화학

자신을 비밀 요원이라고
소개한 사람이
흡혈귀에게 말했다.

[흡혈귀]

"

선생님, 요즘 한국에서는 그렇게 숨어서 사실 수 없습니다. 산속의 외딴 성에서 살면 된다고 하지만, 그런 오래된 성이 있으면 문화재청에서 옛날 건축물을 연구하는 학자들이 바로 발견할 것이고, 곧 우르르 몰려들어 샅샅이 조사하면서 연구할 겁니다. 그리고 선생님, 식사하시는 것도 결정적인 문제입니다. 요즘은 골목골목 CCTV가 있고 자동차마다 블랙박스 카메라가 작동하고 있으니, 몰래 사람을 공격해서 식사하려고 하신다면 곧 경찰에 검거될 것입니다. 언제까지 그런 식으로 지내실 겁니까? 그러지 마시고 저희와 협약을 하시면, 할인된 가격에 병원에서 피를 합법적으로 구매할 수 있도록 해 드리겠습니다. 희귀 질환으로 건강보험 적용을 받으면 그리 비싸지 않은 금액으로 수혈 치료를 받는 것처럼 처리할 수 있습니다. 대신 살고 계신 지역의 발전을 위해 유원지에 있는 유령의 집이라든가 핼러윈 축제 같은 곳에서 사람들과 함께 사진 찍는 일을 해 주시면 됩니다.

"

19세기 이전만 해도 조선은 유럽이나 미국에 거의 알려지지 않은 나라라고 할 수 있었다. 이웃 나라인 중국이나 일본과 비교해 봐도 조선은 훨씬 덜 알려진 편이었다. 나는 어릴 때 소설 『80일간의 세계 일주』를 굉장히 좋아했는데, 주인공 일행이 홍콩에서 조선을 거치지 않고 바로 일본 요코하마로 가는 것을 보고 굉장히 아쉬워했던 기억이 있다.

그런데 유럽에서 굉장히 인기 있었고 많이 팔렸던 베스트셀러 중에 조선이 잠깐 언급되는 소설이 한 편 있다. 제목만 봐서는 조선과 별 상관이 없어 보이는 소설이다. 아시아 나라들을 누비며 벌이는 모험담에 관한 이야기도 아니고, 그렇다고 인삼이나 호랑이 가죽처럼 조선의 특산물에 얽힌 이야기도 아니기 때문이다.

이 책은 바로 1897년 영국의 작가 브램 스토커가 발표한 그의 최고 흥행 소설 『드라큘라Dracula』다. 그런데 그 내용을 보다 보면 등장인물인 아서 홈우드와 퀸시 모리스가 존 수어드라는 인물을 처음 만날 때 하필이면 조선에서 만났다고 되어 있다. 조선에 대한 언급은 이것뿐으로, 그 밖에 자세한 내용이나 설명은 없다. 아무래도 브램 스토커가 등장인물들이 이런저런 사연으로 잘 알려지지 않은 나라까지 구석구석 돌아다녔다는 느낌을 내기 위해 '조선에서 만났지.'라는 설정을 집어넣은 것 같다. 즉 '조선'은 그저 낯설고 이국적인 나라 이름이라서 선택된 듯하다.

책 내용에서 조선을 언급한 것과 얼마나 관계가 있을지는 모르겠지만, 드라큘라는 그 뒤로도 여러 나라에서 굉장히 인기 있는 이야기가 되었다. 20세기가 되어 영화가 유행한 뒤로는 공포 영화로도 여러 차례 제작되었다. 특히 1920년대 독일에서 나온 〈노스페라투〉 같은 영화나 1930년대 벨라 루고시가 드라큘라를 연기한 할리우드 공포 영화 시리즈는 대단히 인기가 많아서 공포 영화 속 귀신과 괴물 이야기의 한 전형으로 깊이 뿌리내릴 정도였다. 1950~1960년대에는 영국 해머영화사가 크리스토퍼 리에게 드라큘라 역을 맡긴 영화 시리즈가 크게 흥행했다.

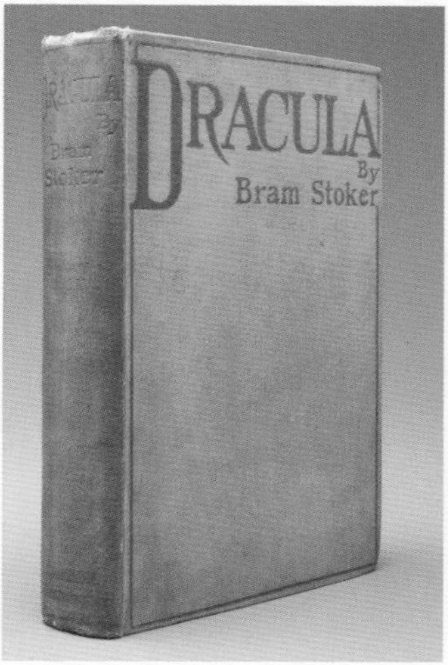

『드라큘라』 초판본
브램 스토커, 1897년

벨라 루고시의 〈드라큐라〉
유니버설스튜디오, 1931년

특히 해머영화사의 〈드라큘라〉 시리즈는 한국에서도 인기가 무척 많았다. 덕분에 한국 영화에서까지 귀신이 출현하는 장면이면 괜히 드라큘라의 송곳니 분장을 시킬 정도였다. 피를 빨아 먹는 것과 아무런 상관이 없는 한국의 옛날 귀신 이야기를 다루는 영화면서도, 하여튼 〈드라큘라〉 영화 속 흡혈귀와 비슷해 보여야 무서울 거라고 생각해서 그냥 그렇게 꾸며 버린 것이다.

21세기에 들어와서도 드라큘라를 주인공으로 하는 영화는 계속 나오고 있고 〈트와일라잇〉 같은 흡혈귀 이야기가 큰 인기를 끌고 있다. 한국에서도 〈안녕, 프란체스카〉처럼 흡혈귀를 주인공으로 하는 TV 코미디극이 인기를 끌기도 했다. 그러니 역시 흡혈귀가 세계적으로 가장 인기 있는 괴물 이야기라고 해도 무리는 없을 것이다.

흡혈귀는 사람을 공격하는 무시무시한 괴물이다. 그렇지만 무서운 괴물이라고 해서 겉모습이 우락부락하고 거친 것은 아니다. 흡혈귀들은 보통 말끔하고 고아해 보이는 창백한 얼굴로 나타난다. 아마도 그런 기괴한 대조가 신비감을 불러일으키고 이야기에 호기심을 갖게 만드는 듯하다.

흡혈귀 이야기 속에서 흡혈귀의 가장 큰 특징은 역시 피를 빨아 먹는다는 점이다. 우리가 밥을 먹고 산다면 흡혈귀는 피를 먹고 산다고 할 만큼 흡혈귀는 꼭 사람의 피를 먹는다. 그렇지만 흡혈귀가 도대체 피를 왜 먹는지, 얼마만큼 먹는지, 어떻게 먹는지에 대해 자세히 설명하는 전설은 드문 편이다. 사악한 느낌으로 피를 먹기 시작하는 장면까지만 언급하면 이야기의 신비로운 분위기를 살리기에 딱 적합하다. 아무리 피를 먹는다는 점이 중요한 특징이라고 한들 흡혈귀의 식습관이나 장 건강에 대해 시시콜콜 설명하면 신비로운 분위기는 금세 깨져 버리고 만다.

흡혈귀는 왜 피를 먹을까? 사람이 밥을 먹는 이유는 당연히 힘을 내기 위해서다. 밥을 먹으면 밥알은 소화되면서 부서지고 쪼개져 몸속에서 나오는 여러 가지 효소와 뒤섞인다. 이 효소는 갖가지 화학반응을 일으키는데, 그러면 음식은 결국 포도당처럼 몸이 흡수할 수 있는 영양 성분들로 변하게 된다. 그리고 포도당은 몸속에서 아데노신삼인산 adenosine triphosphate 이라는 생체 에너지 물질을 만든다.

아데노신삼인산은 사람 몸속에서 워낙 자주 사용되는 물질이기 때문에 흔히 약자인 ATP로 불린다. 사람의 몸을 살아 움직이게 하려고 몸의 온갖 부위에서 이 ATP를 이용해 굉장히 다양한 일들

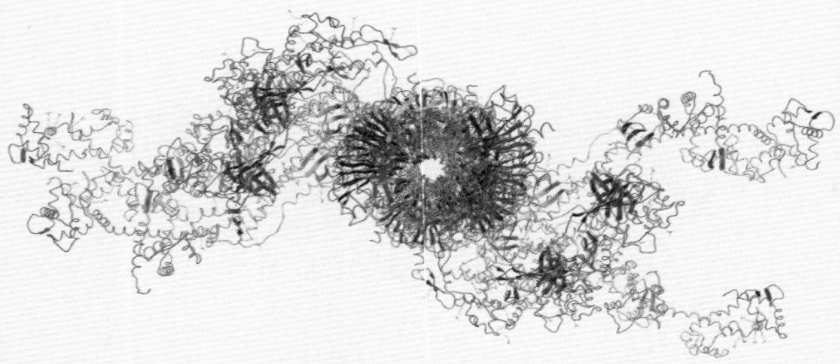

미오신과 액틴
근육수축을 유발하는 단백질의 3D 모델

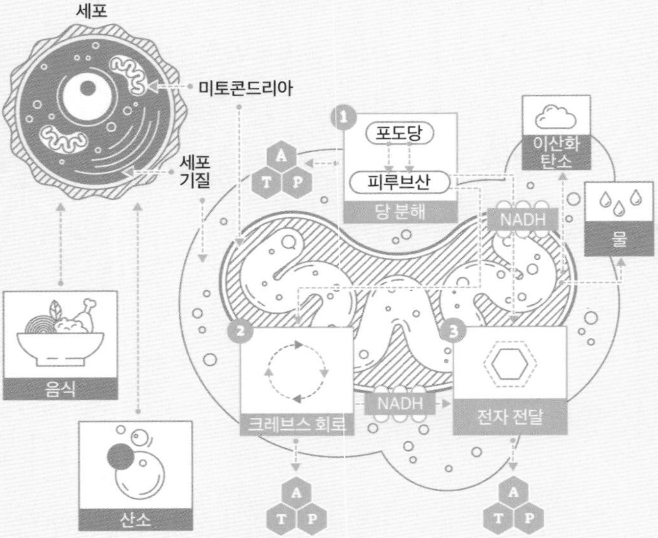

에너지대사
음식을 섭취해 ATP를 만들어 내는 세포호흡

이 이루어진다. 예를 들어 사람의 근육에는 미오신myosin이라는 물질이 많이 있다. 미오신은 주변에서 ATP가 변질되어 아데노신이인산으로 변하는 화학반응이 일어날 때면 움찔거리는 특성이 있다. 미오신이 수천만 개, 수천억 개가 엮여 있을 때 주변에서 ATP의 화학반응이 일어나 동시에 움찔하게 되는데, 이 현상이 바로 우리 몸의 근육이 움직이는 모습이다.

그러니까 우리가 팔다리를 움직일 때마다 ATP가 변해서 아데노신이인산이라는 물질로 변하는 화학반응이 근육에서 계속 일어난다는 이야기다. 근육뿐만 아니라 갖가지 장기가 작동하는 것도 ATP의 화학반응 덕분이다. 신경의 작용이나 뇌를 움직여 무엇인가를 생각하는 것 역시 결국 ATP가 일으키는 화학반응의 힘으로 몸의 이곳저곳이 움찔거리기 때문이라고 볼 수 있다.

내가 정말로 신기하게 여기는 것은 사람뿐만 아니라 다른 생물 역시 이렇게 ATP를 이용해 온갖 부위의 몸을 움직인다는 점이다. 개, 고양이, 소, 말, 다람쥐, 고등어, 멸치, 오징어 등 모든 동물이 몸을 움직이고 장기를 작동시키는 데 하필이면 사람과 똑같이 ATP라는 물질의 화학반응을 이용한다. 휘발유 성분이나 부탄가스 성분을 이용해 몸을 움직이는 동물은 찾기 힘들다. 그런 물질 대신 다들 ATP를 사용한다.

동물만 그런 것이 아니다. 식물도 마찬가지다. 곰팡이나 효모 또한 마찬가지다. 심지어 눈에 보이지도 않는 짚신벌레 같은 작은 미생물이나 세균조차도 꿈틀거리며 움직일 때는 항상 ATP가 화학반응을 일으키고 그 때문에 무엇인가 변화하는 현상을 이용한다. 마치 지구상의 모든 생명체가 "몸을 움직일 때는 항상 ATP라는 물질을 활용하는 방식으로만 살아갑시다."라고 다 같이 약속이라도 한 것 같은 모양이다.

어떻게 이런 일이 있을 수 있을까? 정확하게 확언할 수 있는 사람은 없다. 다만 짐작해 보자면 먼 옛날 수십억 년 전 지금은 온갖 모습으로 진화한 우리 지구 생명체들의 먼 조상이 처음 나타났을 때, 마침 이 조상 생명체가 살던 물속의 어느 구석에 하필이면 여러 물질 중에서도 ATP의 재료가 풍부했던 것 같다. 그게 아니라면 이 조상 생명체가 ATP를 이용한 화학반응이 다양하게 일어나기 좋은 조건을 가진 지역에서 살았을 수도 있다. 그래서 우리 조상 생명체는 유독 ATP라는 물질을 활용해 몸을 움직이는 형태로 자라난 것 아닐까? 세균에서 코끼리와 상어까지, 지구상의 모든 생명체는 다 그 조상 생명체가 진화해서 생긴 후손이기 때문에 조상의 특징이 유전되어 다들 온몸을 움직이는 데 ATP를 사용하게 된 것 아닌가, 그렇게 추측해 볼 뿐이다.

흡혈귀는 사람과 큰 차이 없는 겉모습을 하고 있고 사람처럼 움직인다. 그렇다면 흡혈귀도 지구상의 다른 모든 생물과 마찬가지로 ATP를 사용해서 움직일 것이다. 그런데 사람이 음식을 통해 영양 성분을 얻는다면 흡혈귀에게는 피가 음식이다. 즉 흡혈귀 역시 핏속에 들어 있는 영양 성분을 재료로 몸속에서 화학반응을 일으켜 ATP를 만들었다가 사용하는 방식으로 온몸을 움직일 것이다.

따라서 핏속에 들어 있는 영양 성분이 얼마나 되고, 그 영양 성분들로 ATP를 얼마나 잘 만들 수 있는지 따져 보면 우리는 흡혈귀가 얼마나 많은 피를 먹어야 하는지 알아낼 수 있다. 그런데 여기서 안타까운 사실은 피는 사람들이 흔히 먹는 음식이 아니어서 이에 관한 연구가 잘 되어 있지 않다는 점이다. 사람의 피를 소화시켜 힘을 낼 때 ATP가 어느 정도 만들어지는지 누가 굳이 연구하겠는가? 나는 모기가 사람의 피를 먹고 사는 곤충이니, 모기가 피를 얼마나 빨아 먹고 사는지 계산한 뒤 사람과 모기의 차이를 따져서 이를 추측해 볼까, 하는 생각도 했다. 그렇지만 이런저런 자료를 살펴보다가 다행히 핏속에 들어 있는 영양분에 대해 따져 볼 제법 쓸 만한 자료를 찾아냈다.

한국인들 사이에는 술을 마시고 난 다음 날 속을 편하게 한다고 해장국을 먹는 문화가 있다. 물론 그냥 맛으로 해장국을 먹는 경우도 흔하다. 나는 해장국 중에서도 가장 특색 있는 것은 역시 선지 해장국이라고 생각한다. 그런데 선지 해장국의 주재료인 선지가 다름 아닌 가축의 피를 굳힌 것이다. 선지는 한국에서 자주 사용되는 식재료이므로 여기에서 어느 정도의 에너지를 뽑아낼 수 있는지 이미 알려져 있다. 열량, 즉 칼로리가 계산되어 있는 것이다.

1킬로칼로리kcal는 물 1킬로그램의 온도를 1도 올릴 수 있는 에너지를 말한다. 〈쿡쿡TV 요리 백과〉에서 내놓은 수치를 보면, 선지 100그램의 열량은 27킬로칼로리라고 한다. 선지 100그램 속에 들어 있는 에너지를 1리터짜리 물 한 병을 데우는 데 사용하면 물의 온도를 27도 정도 올릴 수 있다는 뜻이다. 이 정도면 에너지를 많이 낸다는 느낌은 아니다. 아닌 게 아니라 선지는 저칼로리 식품으로 다이어트에 좋다고 한다. 그러니 피를 먹고 살아야 하는 흡혈귀 입장에서는 피를 상당히 열심히 먹어야 할 듯하다.

『화학대사전』을 보면 한국 성인 남자는 평균 2500킬로칼로리 정도의 열량을 가진 음식을 매일 먹어야 한다고 쓰여 있다. 이만큼의 에너지가 들어 있는 음식을 먹어야만 그 음식을 소화시켜 영양분을 뽑아내고 그 영양분으로 하루 동안 몸을 움직이는 데 필요한 ATP를 몸속에서 만들어 낼 수 있다는 뜻이다. 만약 흡혈귀가 이 정도 에너지를 선지로 섭취해야 한다면 약 9.3킬로그램의 선지를 먹어야만 한다는 계산이 나온다.

9.3킬로그램의 피는 어느 정도의 양일까? 『체육학대사전』에 따르면 정상적인 혈액의 비중은 1.052~1.063 정도라고 한다. 비중이란 어떤 물질이 같은 양의 물에 비해 얼마나 무거운지, 가벼운지를 따져 본 것이다. 그러니까 피의 비중을 대략 1.058 정도라고 본다면, 물이 1리터에 1킬로그램의 무게가 나갈 때 피는 1리터에 1.058킬로그램의 무게가 나간다는 뜻이다. "피는 물보다 진하다."라는 속담이 있는데, 피가 물보다 진해서 무거워진 정도는 1.058배라고 할 수도 있겠다.

그렇다면 9.3킬로그램의 피는 대략 8.8리터 정도다. 즉 흡혈귀는 1.5리터짜리 플라스틱 물병 거의 여섯 개를 피로 가득 채워서 마셔야만 살아갈 수가 있다. 『간호학대사전』에 따르면 성인 한 사람의 몸에 평균 5리터 정도의 피가 들어 있다고 한다. 그러므로 흡혈귀는 하루에 평균 두 사람 치가 좀 못 되는 피를 모조리 마셔야 한다. 좀 더 정확히 말하면 4일에 일곱 명씩 사람을 붙들어 그 피를 남김없이 마셔야 한다.

피를 마시는 일 자체도 쉬운 게 아니다. 흡혈귀는 보통 목을 물어뜯는 것으로 알려져 있다. 목에서 피가 가장 잘 흐르는 핏줄인

드라큘라

경동맥에서 피가 흐르는 속도는 초속 125센티미터 정도인데, 흡혈귀 이빨 자국의 크기를 양쪽 합해서 대략 지름이 0.5센티미터 정도인 원 넓이와 비슷하다고 치면 목에 뚫린 상처를 통해 1초에 24.5밀리리터 정도의 피가 흘러나온다는 계산이 나온다.

이 속도로 한 사람분인 5리터의 피를 모두 마시려면 약 3.4분 동안 계속 피를 빨아 먹어야 한다. 잠깐 사람의 목을 물고 몇 번 꿀꺽꿀꺽 마시는 정도로는 도저히 불가능하다. 게다가 이렇게 쉬지 않고 빠른 속도로 계속 피를 들이마신다는 것도 어려운 일이고, 피가 바닥이 나면 흘러나오는 속도도 점점 줄어들 테니 실제로는 시간이 더 오래 걸릴 수 있다. 그러니까 결국 흡혈귀는 어디인가 조용한 곳에 자리를 잡고 천천히 오래 피를 마셔야 한다는 이야기다. 일주일에 일곱 명, 여덟 명씩 사람을 습격해야 하고, 그때마다 이렇게 시간도 오래 끌어야 한다면 아무리 흡혈귀라고 해도 곧 경찰에게 잡히고 말 것이다.

만약 흡혈귀가 험하게 사람을 공격하지 않고 점잖게 피를 구해서 마신다면 어떨까? 보통 헌혈을 한 번 할 때마다 500밀리리터 정도의 피를 뽑는다. 헌혈 관계 기관에서는 한 사람이 1년에 다섯 번 정도 헌혈을 하는 규정을 많이 따르는 것 같다. 그렇게 치면 한 사람이 1년에 줄 수 있는 피의 양은 2.5리터 정도다. 흡혈귀에게

말초 혈관
온몸에 에너지와 산소를 공급하는 미세 혈관들

하루 8.8리터의 피가 필요하다고 했으니, 헌혈로 기꺼이 흡혈귀에게 피를 나누어 줄 후원자를 1285명 모집해 두고 돌아가면서 이 사람들에게 피를 얻어 마시면 흡혈귀는 살아갈 수 있다.

인기 있는 가수나 영화배우에게는 팬들이 아낌없이 돈을 쓴다지만, 말 그대로 자기 피를 뽑아 줄 정도의 팬을 1200명이나 넘게 모으기는 쉽지 않아 보인다. 어쩌면 흡혈귀들이 대부분 그렇게 멋지게 생긴 이유도 팬을 모으려고 그런 것인지 모르겠다.

그게 아니라면 흡혈귀의 몸속에는 보통 생물에게는 없는 어떤 신비로운 효소가 있어서 같은 양의 영양 성분 속에서도 훨씬 더 쉽게 ATP를 많이 만들어 내는 화학반응을 일으키는지도 모르겠다. 만약 그런 효소조차 없다면 흡혈귀가 이렇게 많은 피를 먹으면서 버텨 나간다는 것은 사실상 너무나 어려워 보인다.

아무래도 그냥 보통 사람처럼 편식하지 않고 골고루 밥을 잘 먹어 몸에 필요한 대부분의 ATP를 만들어 내고, 흡혈귀로서 사는 데 반드시 필요한 어떤 특수한 성분만 피에서 뽑아 영양제 같은 형태로 조금씩 먹는 방법을 써야 하지 않을까? 그러고 보면 이야기 속 흡혈귀의 안색이 너무 창백하고, 긴 시간 동안 관 속에만 누워서 가만히 있는 이유도 어쩌면 영양이 부족해 기운이 없기 때문인 것 같다는 생각도 해 본다.

용들이 즐겨 본다는
동영상 방송을 켰더니
이런 광고가 나왔다.

"용 여러분, 멋지게 불을 뿜으려고 할 때 거슬리는 소리가 나서 걱정이셨죠? 우리 용들은 불을 뿜기 위해서 연료가 될 기체를 배 속에서 목구멍을 통해 입으로 내보내야 하는데요, 이게 배에서 입으로 나오는 기체인 만큼 불을 뿜을 때마다 트림 소리가 날 수밖에 없다는 게 우리 용들의 오랜 고민거리였습니다. 용이 불을 뿜는다고 하면 사자나 호랑이 같은 우렁찬 포효를 기대하는 사람들 앞에서, 트림 소리는 아무래도 부끄러울 수밖에 없는데요, 그래서 저희가 준비했습니다! 목에 걸고 있으면 불 뿜는 동작을 감지해 그때마다 크게 녹음된 소리를 스피커로 뿜어 주는 자동 스피커! 멋진 소리와 함께 부끄러움 없이 마음껏 불을 뿜어 보십시오. 취향에 맞게 고르실 수 있도록 강렬한 개 목줄 스타일과 우아한 보석 목걸이 스타일, 두 가지로 준비했습니다."

[용]

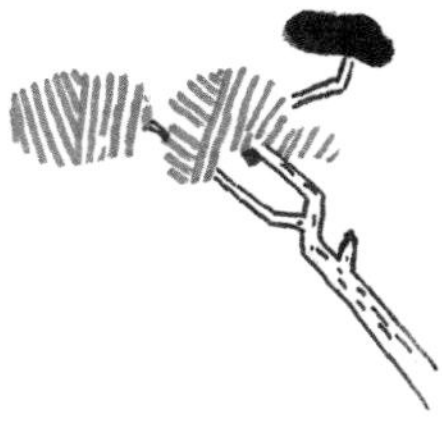

삼국시대의 여러 가지 풍문과 이야깃거리를 다룬 책 『삼국유사』에는 신라의 48대 임금이었던 경문왕 김응렴에 관한 신기한 이야기가 몇 가지 실려 있다. 그중 가장 잘 알려진 것은 역시 「임금님 귀는 당나귀 귀」 이야기다. 임금님의 길쭉한 귀를 가리기 위해 커다란 모자를 만들어 준 사람이 "절대 임금님 귀가 길다는 소문을 내면 안 된다."라는 명령을 들었는데, 그 비밀을 너무나 말하고 싶어서 도저히 참을 수 없었다는 전설을 모르는 한국인은 거의 없다.

그 밖에도 김응렴에 얽힌 이야기는 몇 가지가 더 있다. 「임금님 귀는 당나귀 귀」 이야기보다 덜 알려졌지만 괴상한 이야기로 따지자면 왕의 침소에 있던 잠자리 이불에 관한 이야기를 빼놓을 수 없다. 김응렴이 임금님이 되어 궁전에 들어온 뒤 저녁만 되면 임금님의 잠자리 근처로 어디서 온 것인지 수많은 뱀이 모여들었다고 한다. 궁전 사람들이 놀랍고 무서워 뱀을 쫓아내려 했더니, 김응렴이 이렇게 말했다.

"나는 이 뱀들이 없으면 편히 잘 수 없으니 쫓아내지 마라."

그 뒤 매일 밤 임금님이 잘 때마다 뱀들이 그 주위로 모여들어서 날름거리는 혓바닥을 내밀어 마치 이불처럼 임금님의 가슴을 덮어 주었다고 한다.

보통 짐승을 이용해 이불을 만든다면 거위나 오리털, 또는 양털로 이불속을 채우는 법이다. 여우 털이나 곰 가죽으로 이불을 만드는 경우도 꽤 있다. 그렇지만 뱀으로 이불을 만드는 경우는 거의 없을 것이다. 도대체 왜 신라의 김응렴은 뱀들을 이불처럼 덮고 잤을까?

그런데 가만히 따져 보면 거위, 오리, 양, 여우, 곰 같은 짐승과 뱀은 한 가지 큰 차이가 있다. 거위, 오리, 양, 여우, 곰 같은 짐승은 몸 온도를 항상 일정하게 유지하려고 하는 동물이다. 이 짐승들은 정해진 체온이 있어 그 온도보다 몸 온도가 떨어지려고 하면 몸속에서 열을 내는 화학반응을 일으켜서 몸 온도를 끌어 올린다. 보통 이런 동물들이 유지하려는 온도는 우리가 일상적으로 접하는 공기 온도보다는 좀 더 높은 편이다. 그래서 동물의 몸을 만져 보면 주위보다 따뜻하게 느껴진다.

이런 동물들을 체온이 정해져 있는 동물이라고 해서 정온동물이라고 부른다. 거위, 오리, 양, 여우, 곰과 마찬가지로 사람도 정온동물이다. 사람의 체온은 36.5도 정도로 항상 유지된다. 여름철 어지간히 더울 때가 아니면 몸 바깥의 온도는 36.5도보다 낮다. 때문에 사람은 몸속에서 열을 내는 화학반응을 꾸준히 일어나도록 해서 몸을 잘 덥혀 주어야 한다.

정온동물의 가장 큰 장점은 몸 온도가 항상 일정하므로 언제나 몸속에서 그 온도에 맞추어 일어나야 하는 갖가지 화학반응이 일정하게 잘 일어날 수 있다는 점이다.

생명체가 음식을 소화시키고, 몸을 움직이고, 몸속 장기를 작동시키고, 뇌로 생각하고 고민하는 여러 가지 일을 하기 위해서는 필요한 여러 가지 영양 성분과 화학물질 들이 서로 섞이고 변화하는 화학반응이 일어나야 한다. 그런데 이런 화학반응은 온도가 너무 높거나 너무 낮으면 제대로 일어날 수 없다. 철판 위에서 달걀을 익힐 때 너무 높은 온도에 두면 타 버리고 너무 낮은 온도에 두면 익지 않는 것과 비슷한 이치다. 몸속 온도가 항상 딱 맞게 일정해야만 언제나 그 온도에서 일어나야 하는 화학반응이 알맞게 잘 일

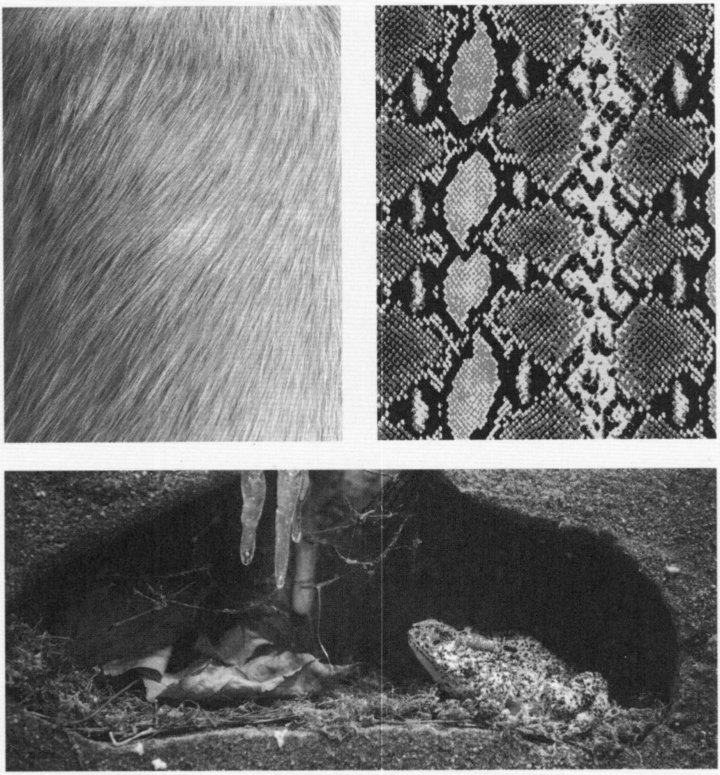

위부터 시계 방향으로 정온동물의 피부와 변온동물의 피부, 동면하는 개구리

어날 수 있다.

정온동물은 바깥 기온이 화학반응이 잘 일어날 수 없는 추운 온도라 하더라도 스스로 몸속을 덥혀 체온을 유지해 화학반응을 일으키며 활동할 수 있다. 그래서 정온동물은 추운 곳을 돌아다닐 수 있다. 그리고 그렇게 추운 곳을 잘 돌아다니게 되니, 추위를 더 잘 버티기 위해 오리 깃털이나 여우 가죽의 털처럼 몸을 따뜻하게 해주는 털들이 복슬복슬하게 발달했을 것이다.

그런데 뱀은 정온동물과 다르다. 뱀에게는 몸속에서 열을 내어 체온을 항상 일정하게 맞추는 재주가 없다. 체온이 정해져 있지 않고 그냥 주위가 더우면 몸도 더워지고 주위가 시원하면 몸도 차가워진다. 주위가 너무 추워지면 몸속도 같이 차가워져서 따뜻할 때만 잘 일어나는 여러 화학반응이 일어나지 않게 된다. 그러면 활동하기가 어려워진다. 그렇게 화학반응에 적합하지 않은 온도가 되면 이런 동물들은 그냥 활동하는 것을 포기해 버린다. 겨울이 되면 뱀이나 개구리가 땅속에 들어가 따뜻해질 때까지 잠을 자며 시간을 보내는 것은 바로 이 때문이다. 대신 이런 동물들은 일부러 몸속을 따뜻하게 덥히려 하지 않기 때문에 훨씬 적은 에너지로도 살 수 있다. 먹이를 덜 먹고도 더 오래 버틴다는 이야기다.

이처럼 체온이 변하는 동물을 변온동물이라고 부른다. 돌로 된

바닥을 만지면 대개 차가운 느낌이 들 듯이 변온동물을 만져 보면 정온동물보다 훨씬 시원한 느낌이 든다. 그래서 예전에는 정온동물은 만져 봤을 때 보통 피가 따뜻할 때가 많은 동물이라는 의미로 '온혈동물', 변온동물은 만져 봤을 때 보통 피가 차가울 때가 많은 동물이라는 의미로 '냉혈동물'이라고 부르기도 했다.

당나귀 귀 임금님인 김응렴이 만약 개나 고양이 같은 흔한 동물을 껴안고 잤다면 아마 동물의 체온 때문에 따뜻한 느낌이 들었을 것이다. 그렇지만 뱀을 덮고 잤으니 살아 있는 동물을 덮고 잤어도 시원하게 잠들 수 있었을 듯하다. 그런 것을 생각해 보면 뱀 이불 이야기는 김응렴이 더위를 많이 타는 체질이라서 이불도 유난히 시원한 것을 덮고 싶어 했다는 내용이 아니었을까?

다른 면에서 김응렴의 뱀 이불 이야기를 살펴보면, 김응렴이 용과 비슷한 사람이었음을 나타내는 이야기로도 볼 수 있다. 옛사람들은 상상 속의 짐승인 용을 뱀과 비슷한 동물로 생각하는 경우가 많았다. 뱀이 몇백 살 넘게 나이를 먹으며 오래 살다 보면 용으로 변한다는 전설 따위가 흔하기도 하거니와, 용의 모습을 그려 놓은 그림을 보면 구불구불하게 기어가는 뱀의 모습과 가장 닮아 보인다. 수천 년 전 고구려 시대의 무덤 벽에 그려져 있는 청룡 그림 등을 보아도 그 모습은 뱀과 무척 닮아 보인다.

그렇다면 김응렴 주위에 뱀들이 모여들었다는 것은 김응렴이 뱀을 이끄는 특별한 사람이었다는 뜻이고, 나아가 뱀 비슷한 용과 김응렴이 닮았다는 점을 상징하는 이야기일 수도 있다. 용은 예로부터 임금을 상징하는 짐승이기도 했다. 임금님의 얼굴을 '용안'이라고 하고, 임금님이 입는 옷을 '용포'라고 불렀다. 그렇게 따지면 뱀들이 김응렴 주변에 모여들었다는 내용은 결국 김응렴이 용의 기운이 넘치는 진정한 임금의 기운을 타고났다는 점을 나타내려 한 이야기였을 성싶다.

「금동당간용두」
국립대구박물관 소장, 9세기

실제로 김응렴에게는 이런 식으로 "나는 임금의 자격이 충분하다." 또는 "나는 임금으로 타고난 사람이다."라는 소문이 필요했다. 이 무렵 신라에서는 임금 자리를 놓고 이 사람 저 사람이 서로 다투는 일이 워낙 많았고, 임금이 그 후계자를 정해 다음 임금에게 자리를 넘겨주는 일이 이랬다저랬다 바뀌는 경우도 흔했다. 김응렴 입장에서는 다른 경쟁자들이 임금 자리를 넘보지 못하도록 "나는 용과 비슷한 사람이니, 타고난 임금이다."라는 점을 드러내야 했는지 모른다. 즉 기왕에 더위를 많이 타서 시원한 변온동물인 뱀과 함께 자는 것을 좋아하는 특이한 버릇이 김응렴에게 있었다면, 그런 자신의 습관을 '용의 운명'이라고 자랑했을 수도 있다는 뜻이다.

한국에서 내려오는 용에 관한 이야기 중에는 보통 용이 물을 다스린다거나 용이 비를 내린다거나 하는 이야기가 많은 편이다. 그래서 바다에는 용들의 임금인 용왕이 용궁에서 산다는 전설이 널리 퍼져 있었고, 『조선왕조실록』 같은 기록을 보면 나라에서 비를 내려 달라고 기우제를 지낼 때도 용에게 기도를 올리는 경우가 많았다. 산속의 계곡이나 연못에도 그곳에 용이 산다거나 바로 그곳에서 용이 하늘로 올라갔다거나 하는 전설이 흔한 편이다.

그런데 이상하게도 중동이나 유럽 지역의 전설을 보면 물과 정반대로 용이 불을 뿜는다는 이야기가 매우 흔하다. 이 지역 옛 전설들을 살피다 보면 용이 불을 상징하는 짐승처럼 그려지는 일이 적지 않다. 한국에서 용은 물이지만, 유럽에서 용은 불이다. 이런 극명한 차이는 신기하다.

용이 불을 뿜는다면, 과연 어떻게 해서 불을 뿜을 수 있을까? 불이란 어떤 물질이 산소와 빠르게 결합하는 화학반응을 통해 열과 빛을 내뿜는 것을 말한다. 예를 들어 숯을 태우면 숯 속의 탄소와 공기 중의 산소가 빠르게 결합해 이산화탄소로 변하면서 열과 빛을 내뿜는다. 이 현상을 우리는 숯불로 고기를 구워 먹을 때 매번 활용한다. 다른 불도 무슨 물질을 산소와 반응시키느냐의 차이일 뿐이지, 우리가 지구에서 보통 불이라고 하는 현상은 다 이렇게 산소가 일으키는 화학반응이다.

그렇다면 용이 불을 뿜는 현상을 살펴보기 위해서는 용이 몸 밖으로 뿜어낼 수 있는 물질 중에 산소와 화학반응을 잘 일으킬 수 있을 만한 물질이 무엇인지 한번 따져 봐야 한다. 그래야 용이 불을 뿜는 원리를 짐작해 볼 수 있을 것이다.

용은 입으로 불을 뿜는다. 입은 목구멍을 통해 창자로 연결되어 있다. 즉 입은 소화기관의 일부다. 소화 과정에서 발생하는 물질 중에 불이 잘 붙을 만한 물질들을 살피다 보면 쉽게 눈에 뜨이는 게 한 가지 있다. 흔히 메탄가스라고도 부르는 메테인methane이다.

동물이 음식을 소화시킬 때 메탄가스가 생겨나 배 속에 차는 일은 자주 벌어진다. 사람도 마찬가지다. 동물의 몸속에는 눈에 보이지 않는 매우 작은 미생물들이 아주 많이 살고 있어서 배 속에 들어온 음식을 갉아 먹으며 메탄가스뿐만 아니라 다양한 기체들을 만들어 낸다. 이렇게 생긴 기체들이 몸 밖으로 새어 나올 때 보통 우스운 소리와 함께 고약한 냄새가 나기도 한다.

배 속에 있는 미생물들이 음식을 갉아 먹는 현상은 소화에서 꼭 필요한 과정일 때가 많다. 예를 들어 소는 사람이 먹지 못하는 억센 풀도 얼마든지 잘 먹을 수 있는데, 그렇게 할 수 있는 것은 소의 배 속에 미생물이 많이 살면서 풀의 소화를 돕기 때문이다.

소의 배 속에 사는 미생물들은 억센 풀을 분해해 소가 소화시킬 수 있는 성분으로 바꾸는데, 이 과정에서 메탄가스를 많이 만들어 낸다. 때문에 소가 트림을 할 때마다 공기 중으로 약간의 메탄가스가 나온다. 어떤 연구 결과를 보면 세계에서 키우는 소의 숫자가 워낙 많아서 이렇게 소가 트림할 때마다 섞여 나오는 메탄가스가 지구온난화와 기후변화를 일으키는 무시 못 할 원인이 될 정도라고 한다.

소의 트림을 모아 그 안에 있는 메탄가스만 뽑아낸다면, 거기에 불을 붙이는 것은 충분히 가능한 이야기다. 실제로 서울 시내의 물재생센터 같은 곳에서는 더러운 물과 그 찌꺼기가 미생물에 의해 분해될 때 생기는 메탄가스만 따로 뽑아서 막대한 양을 저장하고

메탄가스 분화구 '지옥의 문'
투르크메니스탄 다르바자의 불구덩이

있고 그것을 연료로 활용하고 있기도 하다.

그렇다면 아마도 용 배 속에는 메탄가스를 아주 잘 만들어 내는 특별한 미생물이 살고 있고, 그렇게 해서 생긴 메탄가스를 조금씩 저장하는 부위가 위장 어딘가와 연결된 장기 속에 있을지도 모른다. 그래서 불을 뿜어야 할 때 배 속 주머니에 저장된 메탄가스를 마치 트림하듯이 목구멍으로 올려 보낼 것이다.

용은 그 메탄가스에 불을 붙이기 위해 이빨을 부딪쳐서 부싯돌처럼 쓸지도 모르겠다. 어쩌면 불을 뿜기 위해 부싯돌 역할을 하는 돌 조각을 이빨 사이에 끼우고 다닐 수도 있다. 이런 방식이라면 불을 많이 뿜기 위해선 배 속에 메탄가스를 많이 채워야 하니 그만큼 배가 불룩해 보일 것이다. 용 입장에서는 배가 기체로 부풀어 오른 상태이니 속이 더부룩한 느낌도 들 것이다. 용이 불을 뿜을 때 성난 표정을 짓는 까닭은 어쩌면 소화불량 느낌 때문에 속이 불편해서라고 상상해 볼 수도 있겠다.

한 가지 걱정스러운 문제는 만약 용이 불을 내뿜을 때 정말로 이런 방식을 사용한다면, 어쩔 수 없이 굉장히 심한 냄새가 날 거라는 점이다. 메탄가스를 만드는 방식이 이렇게 배 속에서 미생물이 음식을 분해하는 방식이라면 분명히 냄새가 심한 성분이 끼어들 수밖에 없다. 용이란 대개 무시무시하고 신령스러운 짐승으로 여겨지는데 불을 뿜을 때마다 끔찍한 악취를 풍긴다면 아무래도 용 입장에서는 좀 부끄러울 것 같다. 반대로 용을 물리치러 용의 소굴로 들어가는 용 사냥꾼들 입장에서는 어디선가 좀 쿼쿼한 냄새가 나기 시작하면 근처에서 용이 불을 뿜었다는 걸 알아차릴 수 있을 것이다.

용은 미생물이 만들어 낸 가스를 연료로 사용하므로 용에게 자신의 배 속에 사는 미생물은 매우 중요한 존재일 수밖에 없다. 만약에 용이 아파서 동물 병원에 온다면 이 미생물을 없애 버리는 약을 먹이지 않도록 조심해야 할 것이다. 사람이 자주 먹는 약 중에는 배 속 미생물을 일부러 죽여 없애 버리는 약들이 제법 있다. 용이 멋모르고 그런 약을 먹는다면 그 부작용으로 메탄가스를 만드는 미생물까지 같이 없어져서 더 이상 불을 뿜지 못하게 될지 모른다.

보통 메탄가스를 잘 만드는 미생물은 고균archaea으로, 사람에게 더 친숙한 세균bacteria과는 좀 다른 종류다. 그러므로 용이 흔히 처방되는 항생제를 조금 먹는다고 바로 불을 못 뿜게 되지는 않을 것이다. 하지만 의외로 곰팡이를 없애는 약이라든가 다른 몇몇 작은 미생물을 없애는 약의 부작용 때문에 몸속 미생물이 죽어 버려 용이 불을 못 뿜는 신세가 될 가능성도 꽤 있다고 생각한다.

용 배 속의 미생물은 뜻밖에도 쓰레기 처리 문제로 골치 아파하는 사람에게 도움이 될 수 있다. 사람들은 메탄가스를 만드는 데 굉장히 성능이 좋아 보이는 미생물을 용 배 속에서 뽑아내 사업에 써먹고 싶어 할지도 모른다. 그 미생물을 구해서 공장에서 대량으로 키우는 데 성공한다면, 나중에는 음식물 쓰레기에 이 미생물을 조금 뿌리기만 해도 저절로 메탄가스가 펑펑 쏟아질 것이다. 그러면 쓰레기 속에서 막대한 연료를 쉽게 얻을 수 있다. 아무 가치 없는 쓰레기를 전기로 만들고 자동차를 움직이는 귀중한 연료로 바

그리 하여

마지막 용은 그렇게

멸종되었다고 전해지고 있었다

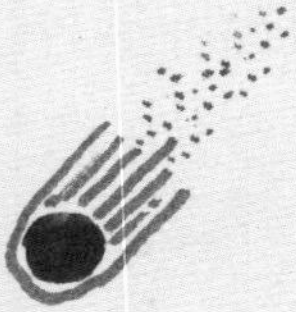

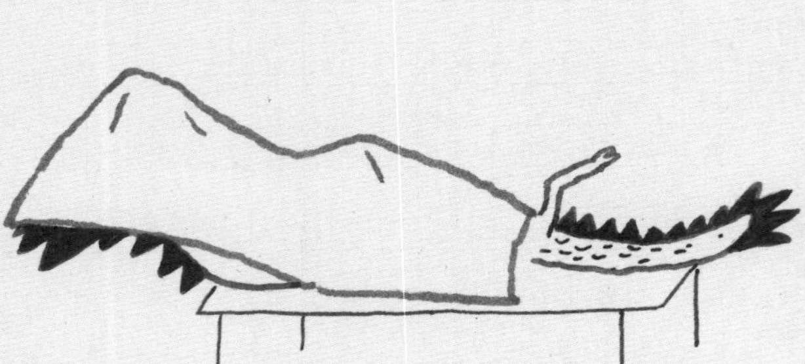

꿀 수 있는 신비의 약물이 용 배 속에 있는 것이나 마찬가지다. 이런 사업을 하는 사람들은 용이 숨겨 둔 보석이나 여의주 같은 보물보다 용 배 속에 들어 있는 미생물을 더 가치가 큰 보물로 칠 것이다.

앞에서 말한 뱀이 변온동물이라는 이야기를 다시 돌이켜 보면, 용 역시도 주변에 따라 체온이 변하는 동물일 가능성이 크다. 그러므로 아마도 용의 몸을 만져 보면 차갑게 느껴질 것이다. 그렇지만 배 속의 메탄가스 주머니 근처만은 미생물이 활발히 음식을 메탄가스로 바꾸고 있어서 그 화학작용 덕분에 어느 정도 열이 발생할 것이다. 그 메탄가스 주머니가 위장 근처에 있다면 아마 가슴 정도의 위치가 될 듯하다.

그렇다면 용은 온몸이 차갑지만 가슴만은 따뜻한 짐승일 거라는 생각도 해 본다. 다행히도 이런 점은 그래도 용의 신비로운 분위기에 도움이 되는 이야기다.

괴물이 나온다는
소문이 자자한 어느 산 입구에
조그마한 상점이 있었다.
사냥꾼 같아 보이는 사람이
가까이 오자
상점 주인이 말했다.

[오공원]

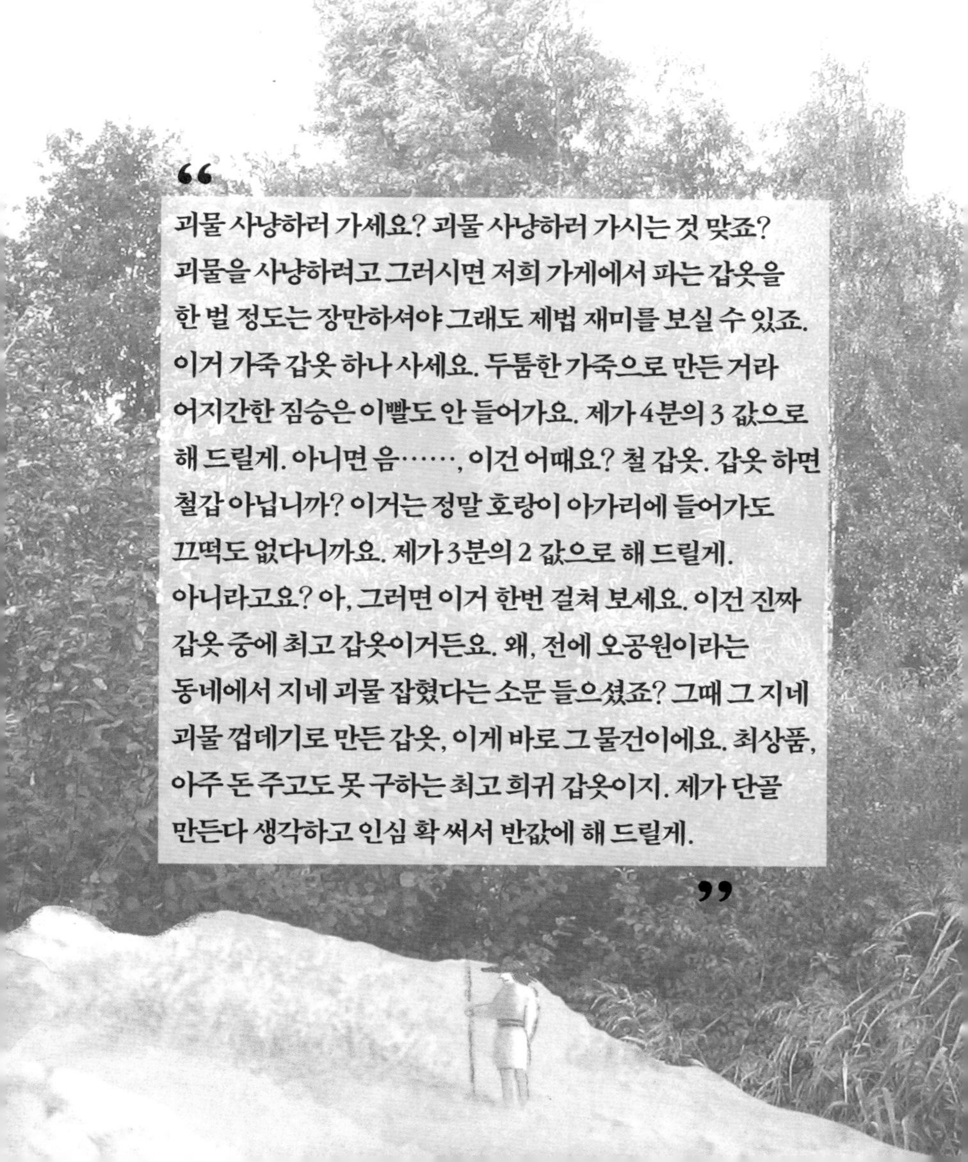

"

괴물 사냥하러 가세요? 괴물 사냥하러 가시는 것 맞죠? 괴물을 사냥하려고 그러시면 저희 가게에서 파는 갑옷을 한 벌 정도는 장만하셔야 그래도 제법 재미를 보실 수 있죠. 이거 가죽 갑옷 하나 사세요. 두툼한 가죽으로 만든 거라 어지간한 짐승은 이빨도 안 들어가요. 제가 4분의 3 값으로 해 드릴게. 아니면 음……, 이건 어때요? 철 갑옷. 갑옷 하면 철갑 아닙니까? 이거는 정말 호랑이 아가리에 들어가도 끄떡도 없다니까요. 제가 3분의 2 값으로 해 드릴게. 아니라고요? 아, 그러면 이거 한번 걸쳐 보세요. 이건 진짜 갑옷 중에 최고 갑옷이거든요. 왜, 전에 오공원이라는 동네에서 지네 괴물 잡혔다는 소문 들으셨죠? 그때 그 지네 괴물 껍데기로 만든 갑옷, 이게 바로 그 물건이에요. 최상품, 아주 돈 주고도 못 구하는 최고 희귀 갑옷이지. 제가 단골 만든다 생각하고 인심 확 써서 반값에 해 드릴게.

"

곤충이나 거미처럼 몸이 딱딱한 껍데기로 덮여 있고 마디마디로 나뉘어 있는 벌레들을 우리는 주변에서 흔히 볼 수 있다. 그런데 흔하다고는 해도 들여다볼수록 그 모습은 특이하고 그 습성은 신기하다. 그런 벌레들은 사람에게 좀 더 친숙한 개나 고양이와는 아주 달라 보인다. 팔다리의 개수가 더 많고, 눈이나 이빨의 개수도 다르다. 이 모습을 신기하게 생각하는 경우도 많고, 징그럽게 여기는 경우도 많다.

이런 동물들을 절지동물arthropod이라고 한다. 주위에서 쉽게 볼 수 있으면서도 특이하게 생겼다는 이유 때문인지 절지동물들은 괴물 이야기의 주인공이 되는 경우가 많았다. 대개 아주 커다란 절지동물이 나타나 사람들을 공격한다는 형태가 흔하다. 그런데 보통 우리 주변에서 보는 절지동물들은 크기가 아주 작은 미미한 동물인 경우가 많다. 작아야 마땅한 동물이 괴물 이야기 속에서 아주 커다란 크기로 등장한다면 과연 흥미를 끌기에는 좋을 것이다.

1950년대에는 미국 할리우드를 중심으로 이런 거대한 절지동물들이 나오는 괴물 영화가 쏟아져 나왔다. 그 시절은 지구상에 처음으로 핵무기가 사용되어 사람들을 놀라게 한 지 얼마 되지 않았을 때라서 핵무기의 놀라움도 같이 소재로 활용되었다. 게다가 그 무렵은 SF물의 전성시대이기도 했다.

그렇다 보니 핵무기와 관련된 사고 때문에 동물이 돌연변이를 일으켜 커다랗게 변한다는 식의 영화가 많은 편이었다. 1954년에 나온 〈그놈들Them〉이라는 영화는 코끼리만큼 커다란 개미가 사람들을 공격한다는 이야기이고, 1955년에 나온 〈독거미!Tarantula!〉라는 영화는 커다란 거미가 사람들을 공격한다는 이야기다. 1957년에 나온 〈죽음의 사마귀The Deadly Mantis〉는 거대한 사마귀가 사람을 공격하는 내용이고, 같은 해에 나온 〈몬스터 프롬 그린 헬Monster from Green Hell〉은 커다란 벌이 사람을 공격하는 내용이다. 이 밖에도 사례는 많다.

한국에서도 커다란 절지동물이 사람을 공격하는 이야기는 제법 인기가 있었다. 한국의 옛 전설 중에 널리 퍼진 예로는 역시 괴물

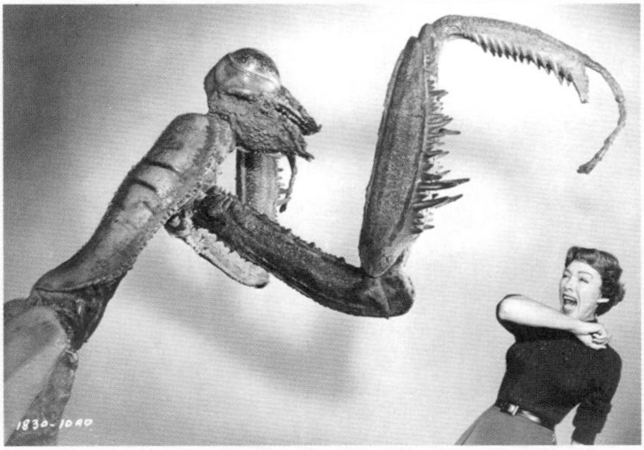

1950년대 할리우드의 거대 절지동물 영화들
위부터 시계 방향으로 <그놈들>, <독거미!>, <죽음의 사마귀>

지네 이야기가 가장 유명하다.

줄거리는 대체로 이렇다. 어느 마을에 이상한 풍습이 있는데, 매년 어떤 날이 되면 노비를 한 사람 사서 마치 제물처럼 외딴집에 둔다. 그리고 하룻밤이 지나면 그 노비가 이상한 모습으로 죽어 있다. 마을에 한 가난한 여성이 있었는데 노비를 사기 위해 걷는 돈을 낼 형편이 못 되어 하는 수 없이 자기가 직접 제물이 되어 그 외딴집에 가기로 한다. 외딴집에서 밤을 지새고 있으니 거대한 지네가 찾아온다. 거대한 지네의 먹이가 되어 죽기 직전인 순간, 평소 자기가 먹을 밥을 나누어 주며 은혜를 베풀었던 두꺼비가 나타나더니 괴물 지네와 싸운다. 두꺼비는 지네를 물리치고 주인공은 목숨을 구한다. 이후 마을에서 제물을 바치는 풍습은 사라진다.

굉장히 잘 알려진 이야기라서 전국 각지에 이 이야기가 전설로 내려온다. 하지만 옛 기록의 형태로 이야기가 가장 잘 남아 있는 사례는 지금의 충청북도 청주를 배경으로 내려오는 전설이다.

조선 후기의 다양한 소문과 전설을 기록해 놓은 『송천필담』이라는 책에는 이 지네 이야기의 배경이 '오공원蜈蚣院'이라고 되어 있다. '오공'은 한문 표현으로 지네를 일컫는 말이고, '원'이라는 말은 옛 시대에 보통 여관이나 호텔처럼 이용하던 숙소를 말한다. 그러니까 '오공원'은 지네 호텔이라는 뜻이다. 아마도 쇠락한 뒤에 버려져서 흉가가 된 낡은 기와집이 있었는데, 거기에 지네 괴물이 나왔다는 전설이 있었기에 붙은 지명이 아닌가 싶다.

오공원은 '오공창'이라고도 불렸다. 이 전설이 정말 맞는 이야기라면, 오공원 자리에 나중에는 창고가 생겨서 동네 이름이 오공창으로 바뀌었고, 오공창이라는 말이 줄어 오창으로 변했다고 추정해 볼 만하다. 실제로 지금의 청주 청원구에는 오창읍이라는 곳이 있다.

당연히 이 지역에 실제로 거대한 지네가 살았다는 증거는 없다. 『송천필담』에 기록된 전설에는 지네의 길이가 사람 키의 몇 배나 될 정도로 거대했다고 되어 있다. 하지만 한국에서 발견되는 지네 중에 가장 큰 축에 속하는 것은 왕지네*S. Subspinipes mutilans*라는 종류로, 크기가 커 봐야 15센티미터 정도이고 크게 키우려고 애를 써도 20센티미터를 넘기기 힘들다. 오창읍에 설령 무척 큰 지네가 살았다고 하더라도 이런 종류 정도였을 가능성이 높다.

물론 마주치면 놀랄 수는 있다. 15센티미터면 어지간한 보통 곤충보다는 훨씬 큰 크기인 데다가, 왕지네는 검은 몸에 붉은색 또는 노란색 다리가 여럿 달린 모양으로 그 겉모습도 강렬하게 생겼다. 그러니 빈집으로 낡아 가던 곳에 누군가 비나 이슬을 피해 보려고 잠시 앉아 있었는데, 자기가 앉아 있던 습기 찬 주춧돌 밑이나 썩어 가는 마루 밑에서 갑자기 큼직한 왕지네가 튀어나오면 깜짝 놀랄 수 있다. 밤에 잠을 자는데 누가 다리를 간질이는 것 같길래 이상해서 달빛에 봤더니 지네가 붙어 있더라는 식의 일을 겪고 나면, 다리 길이만 한 커다란 지네를 봤다고 과장해서 말하기 마련이다. 그런 소문이 점점 돌면서 부풀다 보면 사람보다 큰 괴물 지네 이야기가 얼마든지 생겨날 수 있다.

지네가 사람보다 커질 수 있을까? 나는 지네가 사람 키보다 크게 자라나는 것은 아무래도 불가능하다고 생각한다. 현재 발견된 지네 중에 가장 거대한 것은 흔히 아마존왕지네*Scolopendra gigantea*로 불리는 종류다. 남아메리카 대륙 북부에 사는 아마존왕지네는 그 크기가 족히 30센티미터까지 자란다고 한다. 그러니 새끼 고양이보다도 큰 셈이다. 그런 만큼 갖가지 작은 동물도 먹을 수 있어서 작은 새나 박쥐 같은 것을 공격한다고 한다.

그러나 아무리 아마존왕지네라고 해도 크기는 그 정도다. 몇 미터 정도의 거대한 크기로 자라나 제물로 바친 사람을 잡아먹거나 할 수는 없다. 그러고 보면 모든 다른 곤충류나 거미류, 지네류 등의 절지동물은 그 크기에 한계가 있는 것 같다. 가끔 거미 종류나 풍뎅이 종류 중에 굉장히 커다란 것이 있어서 눈길을 끄는 수가 있기는 하다. 그렇지만 아무리 그래도 사람만큼 큰 곤충이나 지네는 없다. 물고기 중에는 멸치처럼 작은 것도 있지만 상어처럼 사람보다 더 큰 것도 있다. 육상의 다른 동물 중에도 다람쥐처럼 작은 것도 있지만 소나 말처럼 사람보다 큰 동물은 흔하다. 이와 비교해 보면 지구 곳곳에 온갖 다양한 형태로 퍼져 있는 곤충들, 거미들, 지네 무리 중에 사람보다 큰 것이 없다는 점은 조금 이상할 만도 하다.

도대체 왜 지네나 곤충의 크기에는 한계가 있을까? 여기에 대해서는 몇 가지 이유를 생각해 볼 수 있다. 가장 먼저 생각해 볼 수 있는 건 개미나 거미, 지네의 몸을 지탱하는 구조가 소, 말, 사람 같은 동물과는 다르다는 점이다. 사람은 몸에 뼈대가 있고 그 위에 근육과 살이 붙어 있는 방식으로 되어 있다. 그렇지만 개미나 거미, 지네는 그와는 정반대로 몸에 딱딱한 껍데기를 두르고 있고 그 속에 살이 들어 있는 구조로 되어 있다. 곤충의 딱딱한 껍데기는 갑옷처럼 몸 안을 지키는 역할도 하므로 외부의 충격을 제법 잘 견딜 수 있다는 장점이 있다.

곤충의 껍데기는 키틴chitin이라는 물질과 다른 물질들이 적당히 엉켜 있는 재질이다. 흔히 '키틴질'이라고도 부르는 키틴은 절지동물의 껍데기뿐만 아니라 다양한 다른 생물의 몸에서도 발견된다. 갑각류인 새우나 게의 껍데기를 이루고 있는 주성분으로 무척 많이 만들어지는 물질이기도 하다. 곰팡이류나 세균 중에도 키틴 성분이 그 몸에 들어 있는 것들이 있다.

생물 겉 부분의 재료이고 딱딱하다는 특징 때문에 키틴은 곧 섬유소cellulose, 즉 셀룰로스와 종종 비교되기도 한다. 섬유소는 식물의 몸체를 이루는 질기고 강한 성분이다. 산은 온통 나무로 덮여 있고 들판마다 풀이 있으니 세상에 식물은 참 많아 보이는데 그 식물의 몸체가 대체로 섬유소로 되어 있다. 그러니 섬유소는 세상에 참 많은 물질이다.

키틴은 섬유소만큼은 아니지만 역시 세상에 흔한 물질이다. 식물에 섬유소가 있다면 동물에는 키틴이 있다고 할 만큼 키틴은 생물의 몸을 이루는 주재료이다. 『식품과학기술 대사전』에 생물이 세상에서 만들어 내는 온갖 물질인 바이오매스biomass 중에 가장 많은 것이 섬유소이고 그다음으로 많은 것이 바로 키틴이라고 추정한 내용이 실려 있을 정도다. 그러니 만약 거대한 외계인이 나타나 지구상에 있는 모든 생명체를 전부 다 아주 커다란 믹서에 넣고 갈아 버린 다음 무슨 물질로 이루어져 있는지 그 성분을 살펴본다면, 가장 많은 성분은 섬유질이고 그다음은 키틴일 것이다.

지구상의 다양한 절지동물들
하인리히 슈베르트, 『청소년을 위한 자연의 역사』, 1887년

키틴은 이렇게 흔한 물질이다. 하지만 이상하게도 사람, 말, 소, 새, 물고기 같은 척추동물의 몸에서는 키틴이 거의 발견되지 않는다. 척추동물 중에 우리에게 친숙한 것은 포유류다. 대체로 쥐 비슷하게 생긴 생물이 가장 먼저 출현했고 다른 포유류들은 그 후손들이 진화해서 생긴 동물이라고 추측한다.

그런데 포유동물이 번성하기 한참 전부터 절지동물이 나타나 지구에서 이미 살아가고 있었다. 그러니까 곤충들, 거미류, 지네의 무리가 지구상에서 살아온 기간은 포유류가 살아온 기간보다도 훨씬 더 긴 세월이다. 그런데 쥐 같은 동물의 후손 중에서는 커다란 소가 나타나기도 했지만 같은 세월 동안 지네의 후손 중에서 소처럼 커다란 지네가 나타나지는 않았다. 그런 것을 보면 '키틴이 몸에서 중요한 역할을 하느냐, 하지 않느냐?'라는 조상의 특성이 그 동물의 후손 중에 덩치 큰 것을 나타나게 하느냐, 하지 않느냐에 영향을 끼치는 것인지도 모른다.

그렇게 생각해 나가다 보면 키틴을 주성분으로 하는 곤충, 지네의 껍데기가 과연 커다란 동물의 무게를 버틸 수 있겠느냐 하는 문제를 떠올려 볼 수 있다. 즉 지네 크기가 작을 때는 속살의 무게를 버티기에 껍데기가 충분히 튼튼하다. 하지만 지네가 점점 커지면 그 껍데기가 품어야 하는 살의 무게도 점점 커져서 껍데기가 버티기 어려워진다. 종이컵에 물 한 컵 정도를 담아 놓으면 쉽게 버틸 수 있겠지만 종이가 아무리 싸다고 해도 종이컵을 아주 커다랗게 만든 뒤 거기에 수영장을 만드는 경우는 잘 없다. 다시 말해 몸이 커질수록 껍데기가 견뎌야 하는 몸무게가 늘어나서 버티기 어려워진다는 점 때문에 몸집이 커지기는 어려워진다.

반대로 껍데기가 그저 한없이 튼튼하다고 해도 방해가 될 수 있다. 껍데기로 싸여 있는 동물은 몸체가 커져서 껍데기가 더 이상

덩치에 맞지 않을 지경이 되면 헌 껍데기를 벗어 버리고 조금 더 큰 껍데기를 덮어쓴 채로 다시 나타나는 허물벗기ecdysis를 해야 한다. 그러므로 지네 같은 벌레가 작은 새끼에서부터 사람보다 큰 크기가 되도록 커지려면 허물벗기를 분명히 아주 여러 번 해야 할 것이다. 그런데 허물벗기는 매우 번거로운 작업이다. 어느 크기 이상으로 커지면 허물이 이리저리 걸리면서 도저히 벗겨지지 않게 될지도 모르고, 또 가만히 허물벗기를 하는 동안 다른 동물에게 잡아먹힐 위험도 크다.

먼 옛날 사람의 조상인 쥐처럼 생긴 작은 동물이 지구에 처음 나타났을 때, 이미 지구에는 그 작은 쥐 같은 동물보다 더 큰 지네가 있었을지도 모른다. 그렇지만 딱딱한 껍데기로 뒤덮인 지네는 자손이 더 큰 크기로 자라나는 데 한계가 있어서 지금까지 별로 커지지 못했다. 그에 비해 말랑말랑한 피부로 덮인 쥐처럼 생긴 작은 동물의 후손들은 적응하는 데 따라 훨씬 더 덩치가 커질 수 있는 잠재력이 있었다. 때문에 호랑이, 하마, 고래처럼 지네보다 훨씬 더 거대한 크기의 후손들을 남길 수 있었던 것일지도 모른다는 상상을 해 본다.

그런데도 만약 이런 어려움을 극복하고 거대한 괴물 지네가 세상에 나타났다면 이 지네의 껍데기는 보통 지네의 껍데기와는 다를 것이다. 거대한 괴물 지네의 껍데기는 보통 지네보다 더 튼튼한 재질이면서도 잘 늘어나고 잘 분리되는 독특한 성질이 있어서 허물벗기에도 유리한 진귀한 물질로 되어 있어야 할 것이다. 그렇다면 용감한 병사 같은 사람은 이 괴물 지네를 물리친 뒤에 그 껍데기를 벗겨서 갑옷을 만들지도 모른다. 괴물 지네의 껍데기로 만든 갑옷은 가벼우면서도 튼튼하고 그러면서도 몸을 움직이기에 무척 편할 듯하다.

껍데기 문제 이외에 지네가 사람처럼 커다랗게 자라나지 못하는 데는 보다 근본적이면서도 좀 더 단순한 문제도 있을 것으로 나는 추측하고 있다. 개미, 거미, 지네와 같은 동물은 몸집이 작다. 이 말은 겉으로 드러난 몸이 드러나지 않은 몸 내부보다 많은 편이라는 뜻이다. 덩치가 아주 큰 코끼리 같은 동물은 이와 반대다. 몸의 드러난 피부, 즉 겉 부분보다 몸 내부에 있는 속살이 훨씬 많다. 즉 몸집이 작을수록 겉면이 많고, 몸집이 클수록 속살이 많다.

그런데 속살보다 겉면이 클수록 외부와 무엇인가 반응이 쉽게 일어날 기회는 많아진다. 이것은 각설탕 덩어리보다 잘게 부순 가루 설탕이 물에 더 쉽게 녹는 것과 같은 이치다. 각설탕은 덩어리가 크기 때문에 속살이 많고 그에 비해 물과 맞닿는 겉면은 적다. 그러니 느리게 녹는다. 가루 설탕은 알갱이가 작기 때문에 설탕 알갱이 하나를 두고 보면 겉면이 많고 속살이 적다. 곧 물과 맞닿는 부분이 많아 빠르게 녹는다.

이런 문제를 흔히 '넓이 대 부피 비율 문제' 또는 '넓이 대 부피비 문제'라고도 하고, '표면적 문제'라고 하기도 한다. 넓이 대 부피비 문제는 설탕을 녹이는 속도에 관한 문제뿐만 아니라 세상의 갖가지 다양한 문제를 설명하고 풀이하는 데 활용될 수 있다.

나는 대학 시절 원자로nuclear reactor 내부에 핵물질을 어떻게 배치하느냐에 대해 강의하시던 조남진 교수님에게서 넓이 대 부피비 문제를 세상 온갖 곳에 적용할 수 있다는 이야기를 처음 들었다. 그날 내가 교수님에게 들은 이야기를 다시 설명해 보자면 이렇다. 어떤 물체의 길이를 두 배로 확대할 경우 그 겉면의 넓이는 네 배로 확대되며 그 부피는 여덟 배로 확대되기 마련인데, 이런 관계가 온갖 문제의 원인이 되기도 하고 해결법이 되기도 한다는 이야기였다. 넓이 대 부피비 문제는 화학, 물리학의 각 분야에서 널리 활용되고 있을 뿐만 아니라, 갖가지 공학, 심지어 사회학이나 인간관계를 따지는 분야에도 적용해 볼 수 있다.

공 모양으로 몸을 도르르 마는 벌레를 본 적이 있을 것이다. 마침

이 벌레에 다리가 여러 개 달린 모양은 지네와도 비슷하니, 이 벌레를 예로 들어서 넓이 대 부피 비율 문제를 따져 보자. 잘 알려져 있듯이 공 모양의 겉넓이는 '4×원주율×반지름의 제곱'으로 계산하고, 그 부피는 '$\frac{3}{4}$×원주율×반지름의 세제곱'으로 계산한다.

그러면 반지름 1센티미터짜리 공 모양 벌레의 겉넓이는 12.4제곱센티미터, 부피는 4.2세제곱센티미터가 된다. 만약 이 벌레가 온몸으로 산소를 빨아들이면서 숨을 쉰다면, 12.4제곱센티미터만큼 공기 중에 드러난 피부로 산소를 빨아들여 4.2세제곱센티미터의 온몸에 산소를 나눠 주고 있는 셈이다. 즉 1제곱센티미터의 피부 넓이마다 거기서 빨아들인 산소를 0.3세제곱센티미터의 몸에 나눠 줘야 한다.

그런데 키가 그 두 배인 반지름 2센티미터짜리 공 모양 벌레는 겉넓이가 50.2제곱센티미터, 부피는 33.5세제곱센티미터가 된다. 즉 1제곱센티미터의 피부 넓이마다 거기서 빨아들인 산소를 0.7세제곱센티미터의 몸에 나눠 줘야 한다. 공 모양 벌레는 키가 두 배 늘어날 때 그 부피가 두 배보다 훨씬 많이 늘어나서 같은 넓이의 피부로 빨아들여 나눠 줘야 하는 산소의 양이 두 배 이상으로 늘어나 버린다.

이것은 몸이 커지면 커질수록 몸 바깥에서 산소를 빨아들여 몸속 깊은 곳, 몸 구석구석으로 그 산소를 갖다 넣어 주기가 점점 더 불리해진다는 뜻이다. 만약 산소를 몸 구석구석에 나눠 주는 데 실패하면 산소가 없는 곳에서는 아데노신삼인산, 즉 ATP라는 물질을 잘 만들어 낼 수가 없다. ATP는 몸의 온갖 곳을 움직이게 하는 원동력이 되는 물질이다. 이 물질이 없으면 동물은 살 수가 없다. 곧 산소가 닿지 못하는 동물의 몸 부위는 움직이기도 어렵고 유지되기도 어렵다.

사람 같은 큰 동물은 이 문제를 해결하기 위한 방책을 따로 마련해 두고 있다. 바로 몸에 피를 돌게 하는 수법이다. 사람의 몸속에는 모세혈관이 온몸 곳곳에 퍼져 있고, 그 속에 피가 들어 있다. 핏속에는 헤모글로빈hemoglobin이라는 물질이 있는데 여기에 산소가 담겨 있다. 사람의 피가 붉은색인 이유는 바로 이 헤모글로빈이 붉은색이기 때문이다. 그리고 심장이 쿵쿵 뛰면서 온몸에 피가 돌아 산소가 구석구석까지 닿도록 끊임없이 일부러 펌프질을 해 주기 때문에 사람은 그 큰 덩치의 몸에 산소를 빠짐없이 공급할 수 있다.

그러나 곤충이나 지네는 피를 이용해서 산소를 몸 구석구석에 넣어 주는 방식을 쓰지 않는다. 곤충은 덩치가 매우 작으므로 애초에 이런 번거로운 방법을 쓸 필요가 없다. 굳이 핏속에 산소를

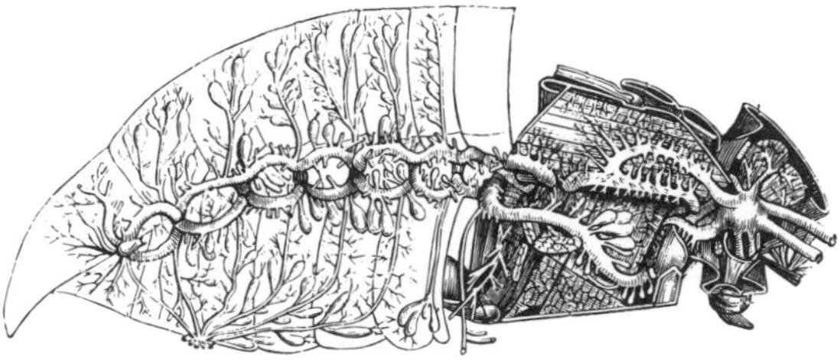

풍뎅이의 호흡기관
나뭇가지처럼 갈라져 숨구멍인 기문으로 연결된 호흡 시스템

녹여 일부러 몸 곳곳에 퍼 넣지 않아도, 몸속으로 들어온 공기가 저절로 서서히 퍼져 나가는 것만으로도 몸 가장 깊숙한 곳까지 공기가 들어가면서 공기 중의 산소가 와 닿는다. 그래서 곤충은 기관trachea이라고 해서 공기가 드나들 수 있는 작은 관이 몸 바깥에서 몸 안쪽으로 뚫려 있고, 따로 펌프질을 해 주지 않아도 이 관을 통해 산소가 그냥 몸속으로 스며든다.

지네는 크기가 작다. 따라서 지네는 겉면에 비해 속살이 별로 없다. 그러므로 그저 이 정도 구멍만 있어도 산소가 몸 안쪽으로 충분히 전달된다. 알갱이가 작은 설탕이 물에 잘 녹듯 크기가 작은 지네는 넓이 대 부피비가 크기 때문에 몸 깊숙한 곳까지 산소가 잘 들어간다. 반대로 말하면 지네가 몸의 내부 구조를 완전히 바꾸지 않고 그냥 몸만 계속 커지게 되면 결국 몸 어딘가에 산소가 닿지 못하는 곳이 생길 수밖에 없다. 그러므로 덩치가 커진 지네는 살 수가 없다.

지네의 몸 크기를 커지지 못하게 만드는 '넓이 대 부피비 문제'의 원리는 1층짜리 작은 단독주택 건물을 그 구조 그대로 100배 더 큰 크기로 확대해서 짓는다고 해서 100가구가 살 수 있는 집이 되지 못하는 것과도 비슷한 이치다. 100가구가 살 수 있는 큰 집이 되려면 단순히 크기만 100배가 되는 것이 아니라, 화장실과 방도 많아져야 하고 그에 필요한 배관도 더 많아져야 하며 전기, 난방을 분배하는 장치도 같이 들어와 주어야 하는 데다 무엇보다도 엘리베이터가 있어야 한다.

지네나 곤충의 몸에도 피라고 할 만한 것이 아예 없는 것은 아니다. 영양분을 몸 곳곳에 돌게 하도록 이런 생물들의 몸속에도 피 비슷한 액체가 흐르기는 한다. 다만 이런 절지동물의 피에는 산소를 운반하는 기능이 없다. 그래서 절지동물 대부분은 피가 붉은색이 아닌 경우가 많다.

그렇다면 반대로 사람보다도 거대한 괴물 지네가 있다면, 이런 지네는 그 커다란 몸 깊숙한 곳까지 산소를 공급해 주기 위해서 보통 지네와는 다른 피가 흐르고 있을지도 모른다. 상상해 보자면 괴물 지네는 헤모글로빈이 들어 있는 사람의 피 색깔 같은 붉은 피가 흐르고 심장이 쿵쿵 뛰는 동물일 수도 있다.

그렇게 이야기를 꾸며 보자면, 괴물 지네가 1년에 한 번씩 사람 제물을 먹으려고 했던 이유에 대해서도 좀 더 말을 만들어 볼 수 있을 것 같다. 보통 지네는 벌레 따위를 잡아먹고 살지만, 괴물 지네는 꼭 사람을 먹어야만 한다. 왜냐하면 사람을 먹어서 피로 산소를 공급할 수 있는 헤모글로빈 성분을 보충해야만 괴물 지네가 그 커다란 몸을 유지할 수 있기 때문이다.

이야기를 이렇게 꾸려 놓고 보면, 오공원은 조선 후기의 전설이지만 1950년대에 유행한 할리우드 SF 영화 속의 괴물 절지동물 이야기와 별로 멀지 않은 느낌도 든다.

상황실로
군인 한 명이
급하게 뛰어왔다.

"긴급 보고 드립니다. 09시경 등장한 불가살이를 예하 부대에서 다양한 방법으로 차단, 격퇴하려고 작전을 펼쳤습니다. 그랬습니다만, 불가살이가 모든 무기, 특히 철제 무기를 다 먹어 치우면서 버티고 있습니다. 그래서 목표 달성에는 실패했습니다. 지금 불가살이는 제철소가 있는 포항을 향해 빠르게 이동하고 있습니다. 대통령께서는 호주 총리의 허락을 받았으니 철근을 잔뜩 실은 대형 화물선으로 불가살이를 유인해서 호주까지 데려가는 작전을 검토하라고 지시하셨습니다. 호주의 로이힐에는 세계 최대의 철광석 광산에 있는데 거대한 산들이 온통 철광석으로 되어 있는 지역입니다. 그쪽으로 불가살이를 유인하면 몇십 년 정도는 그곳에서 철분을 섭취하며 지낼 테니 당분간 사람들과 격리할 수 있을 겁니다."

[불가살이]

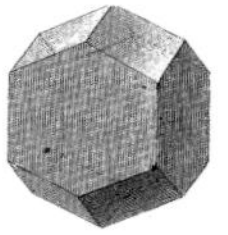

불가살이 전설 중에는 이런 줄거리가 많다. 고려시대에 어떤 작은 괴물이 나타났는데, 이 괴물을 처치할 수가 없다. 칼이나 창으로 공격하면 오히려 괴물이 칼이나 창을 먹어 버린다. 게다가 그러는 사이에 덩치가 점점 더 커진다. 무기인 쇠를 오히려 먹어 버리는 괴물이니 다루기가 어려워 마을과 성을 파괴하고 다니는 무서운 재앙이 된다. 결말은 불로 공격해서 없앴다거나 부적 같은 주술적인 방법을 써서 없앴다는 것으로 되어 있는 경우가 흔한 편이다.

배경이 고려시대인 경우가 흔하기는 하지만 나는 불가살이 이야기가 고려시대보다 훨씬 더 나중에 생긴 전설이라고 생각하고 있다. 불가살이 이야기에 대한 기록을 찾아보면 18세기 이전으로 거슬러 올라가는 기록을 찾기란 매우 어렵기 때문이다.

『송도말년 불가살리전』
© 서울SF아카이브, 1940년대

내가 직접 본 것 중에서는 19세기의 책인 『송남잡지』에 짧게 언급된 사례가 가장 오래된 기록이다. 그렇기 때문에 나는 아마도 지금으로부터 150년 전에서 200년 전 무렵 이 이야기가 처음 생겨났고, 그 뒤에 이야기가 소설 형태로 출판되면서 점차 인기를 얻은 것이 아닌가 짐작해 본다. 실제로 1921년에 인쇄본으로 나온 소설책 『불가살이전』을 비롯해 20세기 초에 나온 소설 판 불가살이 이야기들 몇 가지는 지금도 잘 보존되어 있다.

그러니 불가살이 전설은 그렇게 오래된 이야기는 아닌 셈이다. 그런데도 잘 알려져 있고 무척 인기가 많다. 어떻게 그렇게 빨리 인기를 얻었을까? 아마도 '절대 처치할 수 없다.'라는 특징이 '가장 강한 괴물' 같은 느낌을 주어 관심을 끌었기 때문 아닐까 싶다. 이름부터 '절대 죽일 수 없다.'라는 뜻의 '불가살不可殺'이라는 말이 들어 있다. 이야기를 듣다 보면 '절대 처치할 수 없는 불가살이를 도대체 어떻게 처치할까?' 하는 궁금증이 더욱 큰 호기심을 불러와 줄거리에 빠져들기도 좋다.

그런데 그렇게 유명한 괴물인데도 불가살이의 겉모습에 대해서는 뭐라고 명확하게 말하기가 어렵다. 소설 판으로 나온 여러 불가살이 이야기 중에는 나름대로 겉모습을 어느 정도 묘사한 경우가 있기는 하지만 그 모습은 서로 다르다. 배우 엄앵란, 최무룡이 나오는 영화 〈송도 말년의 불가사리〉에서 불가살이는 사람 비슷한 모습인데 온몸이 돌조각 같은 것으로 뒤덮인 형상이고, 신상옥 감독이 참여한 영화 판 〈불가사리〉에선 뿔이 둘 달린 거대한 소 비슷한 괴물이 두 발로 걸어 다니는 것으로 나오기도 한다. 코끼리와 비슷한 모습으로 묘사될 때도 많은 편이다. 그러나 가장 오래된 기록 축에 드는 『송남잡지』의 내용에는 불가살이의 모습에 대한 묘사가 거의 없다.

중국 고전에 나오는 괴물 중에 '맥貘'이라는 것이 있는데 조선 후기의 장식품 중에는 맥의 그림을 그려 넣거나 맥 모양의 조각을 해 놓은 사례가 자주 보인다. 그런데 맥의 이빨이 쇠보다도 단단하다는 이야기가 있는 등, 불가살이와 조금 비슷해 보이는 점이 있다. 때문에 요즘에도 조선시대에 맥을 그린 그림을 보고 불가살이 그림이라고 할 때가 종종 있다. 그렇지만 나는 그런 그림 중 대다수는 불가살이 이야기가 생겨나기도 전에 전래된 중국 전설 속의 맥을 그려 놓은 것일 뿐이라고 생각한다. 그런 그림들을 보고 불가살이가 어떤 모습이라고 단정하기는 어렵다.

그러니까 먼저 불가살이의 겉모습부터 따져 보아야 할 필요가 있다. 과연 어떤 모습이어야 창칼로 공격해도 절대 해칠 수 없다는 특징에 어울릴까? 일단 강도가 강한 물질을 가진 생물이 무엇인지 찾아보라면, 그런 쪽으로 요즘 인기가 있는 생물은 삿갓조개limpet 종류다. 삿갓조개는 바닷가 돌 위에서 어렵지 않게 찾아볼 수 있는 동물이다. 한국에서는 삿갓조개를 삶아서 먹거나 된장찌개에 넣어 먹기도 한다.

삿갓조개는 돌에 딱 달라붙어 있으면서 주위를 돌아다니는 작은 생물을 뜯어 먹고 사는데, 이런 방식으로 살아가기 위해 거칠거칠하게 돋아난 부분이 있다. 아주 작은 이빨인 셈인데 이 이빨을 바위에 파고들 때 이용한다. 삿갓조개는 막강한 힘으로 밀어닥치는 파도를 견디면서 돌에 달라붙어 있어야 하므로 바위를 잘 파고들어 갈수록 유리하다. 그러니 강한 이빨로 돌을 갉아 낼 수 있는 재주는 꼭 필요하다.

그런데 삿갓조개의 이 별것도 아닌 작은 이빨 같은 것이 그것만 떼어 내서 강도를 재 보면 놀라울 정도로 강하다고 한다. 돌을 파

삿갓조개
바닷가 바위에 붙어사는 무척추동물

삿갓조개 이빨
영국 포츠머스대학교 아서 바버 교수의 전자현미경 사진

고드는 데도 사용하니까 당연히 튼튼해야 하겠지만 실험을 해 보면 다른 어떤 생물의 몸 부위와 비교하더라도 이보다 더 단단한 물질은 없을 정도라는 것이다. 2015년에 영국의 아서 바버 교수 연구 팀에서 발표한 연구 결과를 보면 생물계에서 나온 모든 물질 중에 가장 강한 물질로 추정할 수 있는 것이 바로 이 삿갓조개의 이빨이었다.

삿갓조개의 이빨이 얼마나 강한지 무려 같은 양의 철보다 더 튼튼할 정도라고 한다. 물론 강하다는 데에는 여러 기준이 있으니 무조건 삿갓조개의 이빨이 철을 이긴다는 뜻은 아닐 것이다. 철은 칼 모양으로 날카롭게 날을 만들어 베거나 찌르기에 유리한 물질이다. 그러므로 철과 삿갓조개 이빨을 모은 재료로 각각 무기를 만들어 서로 싸우면 오히려 철이 이길 가능성이 높다고 나는 생각한다.

그렇지만 만약 갑옷을 만든다면 삿갓조개의 이빨은 튼튼하고 질긴 데다 무게도 가벼워서 아주 유용한 재료가 될 것이다. 만약 삿갓조개의 이빨처럼 강한 재료를 만들어 내는 기술을 실생활에서 이용할 수 있다면 방탄복을 만들 때 지금껏 개발해 낸 재료보다 훨씬 더 뛰어난 성능을 발휘할지도 모른다. 만약 불가살이가 이런 물질로 되어 있다면 창칼로 공격했을 때 물리치기 어려웠다는 내용과 잘 맞아 든다.

삿갓조개 이빨의 성분을 분석해 보면, 철 계통의 화합물에 키틴이라는 물질이 서로 엉켜서 단단히 붙어 있는 형태이다. 키틴은 곤충의 껍데기나 새우, 게 껍데기의 주성분으로 흔히 키틴질이라고 부르기도 한다.

그런데 키틴은 여러 생물에서 아주 쉽게 찾아볼 수 있는 성분이지만 공교롭게도 척추동물, 그러니까 물고기, 두꺼비, 거북, 비둘기, 고양이 같은 동물에서는 잘 나타나지 않는다. 만약 불가살이가 키틴이 주성분인 삿갓조개 이빨과 같은 재질로 되어 있다면 불가살이가 척추동물은 아닐 것이라고 보는 편이 합당하다. 이렇게 보면 불가살이를 상상한 여러 가지 모습 중에서 코끼리를 닮게 그리거나 소를 닮게 그린 모습과는 어긋난다.

오히려 불가살이가 커다란 곤충이나 가재, 전갈 비슷한 모습이었다고 생각해 보면 어떨까? 가재나 전갈의 껍데기는 키틴으로 되어 있다. 불가살이 이야기 중에는 본래 불가살이의 크기가 아주 작았는데 자꾸 커져서 나중에는 거대한 괴물이 되었다는 내용이 많다. 어쩌면 처음에는 작은 풍뎅이 비

앵무조개

슷한 벌레였는데 점점 자라나서 나중에는 거대한 괴물이 되었는지도 모른다.

아예 삿갓조개처럼 껍데기가 있는 조개 종류의 동물이었다고 생각해 보면 어떨까? 의외로 오징어는 조개와 가까운 편에 속하는 동물인데, 오징어와 가까운 동물 중에 조개처럼 생긴 앵무조개 종류는 껍데기도 있고 오징어 다리처럼 생긴 것도 달려 있다. 이런 동물들은 대체로 물에 사는 동물이다. 하지만 만약 아주 희귀한 이상한 종류가 있어서 육지를 기어 다닐 수 있고 아주 크게 자라날 수 있다고 한다면 불가살이와 비슷한 느낌도 든다. 오징어는 물에서 사는 동물이라는 점에 주목한다면 불로 물리칠 수 있다는 점과도 통한다. 이 생각대로 불가살이가 껍데기가 있는 거대한 오징어 비슷한 괴물인데, 다리 중에 유독 하나만 길게 삐져나와 있다고 상상해 보자. 그러면 그 모습은 코끼리 비슷해 보이기도 할 듯싶다.

철로 공격해도 불가살이가 버틸 수 있다는 이야기보다 한결 더 따져 보기 어려운 이야기는 불가살이가 철을 먹는다는 내용이다. 철을 먹고 사는 생물을 일상생활에서 쉽게 눈으로 보기란 어렵다. 불가살이가 풍뎅이 비슷한 곤충과 닮았다고 친다면 풍뎅이 부류

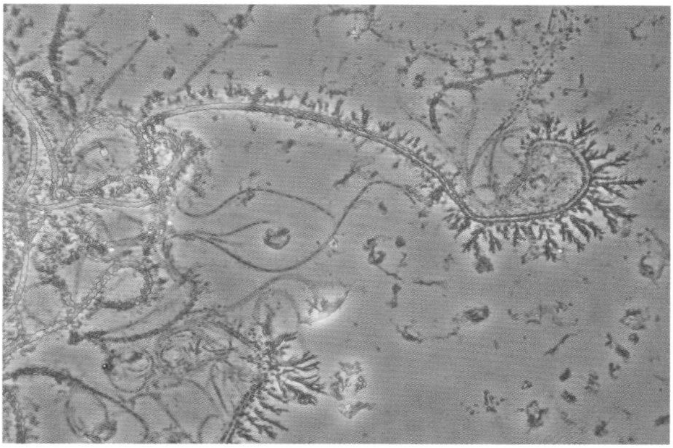

철 산화 세균
지하수에서 흔히 발견되는 렙토트릭스 박테리아

의 동물 중에 온갖 잡다한 질긴 것들을 갉아 먹는 종류가 많기는 하다. 나무를 갉아 먹는 곤충은 흔한 편이고, 가끔 플라스틱을 갉아 먹고 구멍을 내는 곤충도 있다. 아주 가끔 연한 금속을 갉아 놓은 곤충 이야기가 소문처럼 들리기도 한다. 하지만 아무래도 그 곤충이 정말로 금속을 소화시켜서 먹은 것처럼 보이지는 않는다. 동물이 철처럼 단단한 금속을 먹는 것은 아무래도 어려워 보인다.

그렇지만 철을 먹고 사는 생물이 아예 없는 것은 아니다. 대표적으로 철 산화 세균iron oxidizing bacteria이라는 세균의 한 종류는 정말로 철을 먹고 거기서 힘을 얻어 살아간다. 철 산화 세균이 철을 먹는 방법은 식물이 광합성을 하는 것과 비슷하다.

식물은 물과 이산화탄소를 빨아들이면서 동시에 햇빛을 받아 햇빛의 힘으로 당분을 만들어 내어 영양분으로 사용한다. 철 산화 세균은 물과 이산화탄소를 빨아들이면서 동시에 철도 빨아들여, 철이 녹스는 듯 변해 가는 현상이 일어나는 힘을 이용해 영양분을 만들어 낸다. 식물이 빛을 이용한 광합성을 한다면, 철 산화 세균은 철을 이용한 합성을 한다고 할 만하다.

물론 철 산화 세균이 튼튼한 강철을 어디서나 막 갉아 먹는 것은 아니다. 철 산화 세균은 물에 살짝 녹아 있는 상태의 철 성분을 빨아 먹는다. 이렇게 어떤 물질이 물 같은 데에 녹아서 전기를 띠면서 살짝 변해 있는 상태를 이온ion이라고 한다. 그러니까 철 산화 세균은 철 이온을 먹고 사는 세균이다. 만약 주변에 철을 철 이온 상태로 녹여 줄 수 있는 무엇인가가 있다면 철 산화 세균은 철을 잘 갉아 먹고 무럭무럭 자라날 수 있다.

생물이 철을 녹이는 일은 말처럼 어려운 것은 아니다. 사람의 위장 속에는 위산gastric acid이라는 물질이 있는데 위산은 강한 산성을 띠고 있다. 위산은 먹은 음식물을 녹여서 소화를 쉽게 해 주는 역할도 한다. 위산 정도의 산성만 하더라도 어지간한 금속을 녹여서

음...
숟가락도
씹어먹을 나이지
자!
꺼어억~쇠!

이온으로 만들기에는 충분하다. 만약 더 강한 산을 더 잘 내뿜을 수 있는 생물이 있다면 철도 간단히 녹여 버릴지 모른다. 그렇다면 그 생물은 철을 쉽게 먹어 치우며 살아갈 수 있을 것이다.

꼭 생물 하나가 모든 역할을 다 할 필요도 없다. 여러 종류가 공생을 하면서 철을 소화시켜도 된다. 실제로 광산 같은 곳에 사는 세균 무리 중에는 여러 가지 특기를 가진 세균이 서로 모여 살면서 어떤 세균은 산성을 더 심하게 해서 철이나 황을 녹이는 역할을 하고, 어떤 세균은 그 철이나 황을 먹고 몸을 불려서 다른 세균까지 같이 먹고 살게 해 주는 등 복잡한 공생을 하는 경우가 흔하다.

한국에는 광산들이 갑자기 쇠퇴해 버려서 영업을 중단하고 버려진 곳이 꽤 많다. 그중에 가끔 산성 광산 배수acid mine drainage가 문제가 될 때가 있다. 버려진 광산에서 산성을 띤 물이 졸졸 흘러나와 주변을 오염시키고 위험하게 만드는 문제를 말하는데, 여러 세균이 공생하며 힘을 합쳐 황이나 철 같은 물질을 녹여 먹는 습성은 바로 산성 광산 배수의 원인이 되기도 한다.

그렇다면 불가살이도 그 몸속에 철 산화 세균을 키우면서 공생한다면 철을 소화시켜서 먹을 수 있을지도 모른다. 실제로 소나 말 같은 동물은 풀을 소화시키기 위해 배 속에 세균과 고균 같은 작은 미생물들을 키우고 있다. 소는 자기 배 속에 사는 세균과 고균이 풀의 억센 섬유소를 분해해 주면 그것을 다시 소화시킨다. 이렇게 하려면 시간과 과정이 더 많이 필요하므로 소는 먹었던 음식을 다시 먹는 되새김질을 해야 한다.

불가살이도 비슷한 방식으로 철을 먹는다고 해 보자. 거대한 풍뎅이나 앵무조개처럼 껍데기로 뒤덮인 오징어 비슷하게 생긴 불가살이가 철을 씹어 먹는다. 위산과 같은 강한 산 때문에 철은 불가살이의 입 속에서 또는 배 속에서 녹아서 철 이온이 된다. 그리고 그렇게 녹은 철 이온을 불가살이 배 속에 사는 철 산화 세균이 먹어 치운다. 철 산화 세균은 그것을 먹고 더 자라나고 더 불어난다. 그러면 불가살이의 소화기관은 철 산화 세균이 내뿜는 영양분이나 철 산화 세균 자체를 빨아 먹는다. 그렇게 해서 불가살이도 살아갈 수 있다.

만약 정말 불가살이가 이런 방식으로 철을 소화시킨다면 침이나 몸속에 흐르는 액체가 아주 강한 산성을 띨 테니 닿으면 위험할 것이다.

한편 몸에 있는 철 산화 세균이 다 없어져 버리면 불가살이는 더 이상 철을 소화시키지 못하게 된다. 따라서 창칼로는 도저히 물리칠 수 없는 불가살이지만 세균을 죽일 수 있는 항생제antibiotics 같은 약을 슬쩍 먹여 버리면 불가살이를 소화불량이나 영양실조로 쓰러지게 만들 수 있다.

아예 산성 물질을 뿜고 다니면서 동시에 철을 갉아 먹을 수 있는 세균 그 자체가 불가살이라고 해 보면 어떨까? 물론 보통 세균은 튼튼한 뼈대도 없고 몸속에 혈관이나 신경이 있는 것도 아니므로 크기가 커지는 데 한계가 있다. 그렇지만 아주 특이하고 이상하게 발달한 세균이 있어서 먹는 대로 그 크기가 점점 더 커지는 세균이 어쩌다가 나타났다고 해 보자. 이런 세균은 그저 물컹물컹한 덩어리일 뿐이니 당연히 창이나 칼로 조금 찔러 댄다고 해도 잘 버틸 것 같다.

1958년에 나온 할리우드 영화 〈우주 생명체 블롭The Blob〉은 우주에서 떨어진 외계 생명체인 작은 물방울 같은 것이 주변에 있는 물체라면 무엇이든지 먹어 치우면서 점점 커지고 나중에는 집채만큼 커다랗게 변해 온 동네를 휩쓸고 다닌다는 내용이다. 이 외계 생명체는 그저 물컹한 덩어리일 뿐이라서 총을 쏘아도 소용이 없고 오히려 총알을 몸속에 그대로 녹여서 먹어 버리고 몸집을 더욱 키운다.

어떻게 해도 이길 수 없고 무기로 공격하면 더 커지는 괴물이라는 점에서 이 영화 속 외계 괴물은 불가살이와 비슷하기도 하다. 다만 불가살이 전설에서 불가살이를 불로 공격하는 대목과는 다르게 이 영화의 결말에서는 외계에서 온 괴물을 차갑게 얼려 물리친다.

철 산화 세균의 모양을 현미경으로 살펴보면 그중에는 편모flagellum라 불리는 꼬리 같은 것이 길게 한두 개, 또는 여러 개 달려 있는 경우가 있다. 철 산화 세균은 이 기다란 꼬리 몇 가닥을 이리저리 흔들어 대며 몸을 움직인다. 만약 불가살이가 철 산화 세균과 비슷한 모양인데 아주 크기가 큰 괴물이라면 이렇게 꼬리가 몇 가닥 튀어나온 모양이라고 해도 꽤 그럴듯하다. 불가살이가 코끼리와 닮았다는 이야기와 언뜻 통하는 느낌도 있다. 눈, 코, 입도 없고 그저 흐물흐물한 덩어리 모양의 괴물인데 이곳저곳에 기다란 꼬리만 몇 가닥 나 있어서 그것을 이리저리 꿈틀꿈틀 흔들어 대면서 움직인다면, 그 모습은 확실히 괴물 이야기로서 강한 인상을 줄 수 있을 거라고 생각한다.

늑대 인간 #파스퇴르 #혐오 #다모증 #바이러스 #저주

개구리 왕자 #뇌이식 #변신 #면역반응 #감각 #사이보그

요정 #멜라닌 #고분자물질 #호문쿨루스 #텔로미어

2부

괴물 생물학

기밀 연구소에서 거액을 받으며 일하던 연구원은 마침내
늑대 인간을 만들어 내는 기술을 개발해 소장에게 보고했다.
"소장님, 기뻐하십시오. 드디어 사람을 늑대 인간으로 변하게
하는 바이러스를 개발했습니다. 이 바이러스에 감염되면,
사람이 늑대처럼 흉포하게 변해 주변을 공격하려고 날뛰게 되며
손톱으로 할퀴고 이빨로 무는 동작도 매우 잘하게 됩니다."

[늑대 인간]

그러나 소장은 고개를 절레절레 흔들었다.
"그게 아니에요. 얼마나 무서운 늑대 인간으로 변하는지는 하나도 중요하지 않다고요."
"늑대 인간으로 변신하는 기술을 만들어서 전쟁과 싸움에 활용하려던 것 아니었습니까?"
"아니라니까요. 중요한 것은 늑대 인간으로 변할 때 털 난 모습으로 변할 수 있느냐 마느냐예요. 그것만 잘되면 우리는 엄청나게 많은 사람을 도울 수 있는 약을 만들 수 있다고요."

프랑스의 과학자 파스퇴르가 태어난 곳은 돌Dole이라는 지역이다. 그곳에는 파스퇴르 말고도 유명한 것이 한 가지 더 있다. 돌에서 파스퇴르가 태어난 것보다 훨씬 앞선 16세기에 늑대 인간이 나타난다는 소문이 돌았던 적이 있었다. 어떤 이상한 사람이 갑자기 짐승처럼 변해서 다른 사람들을 공격한다는 내용이었다. 전설 속에서 이런 늑대 인간은 보통 때는 사람이지만 보름달이 뜨는 날이 되면 늑대와 비슷한 형태의 사납고 잔인하며 사악한 괴물로 변한다.

어쩌면 평범한 사람들 사이에 문득 괴물로 변할 수 있는 무서운 존재가 아무도 모르게 숨어 지낸다는 점이 늑대 인간 이야기의 핵심인지도 모른다. 이 때문에 "우리들 내부에 적이 있다."라는 말처럼 서로 믿지 못하는 사회에서 사람들 사이의 의심을 나타내는 소재로 늑대 인간 이야기가 들어맞기도 한다.

그런저런 이유로 늑대 인간 이야기는 상당히 인기를 끌었다. 사람 속에 숨겨진 짐승의 성질을 드러내는 상징으로 문학작품 속에서 쓸 만한 이야깃거리가 되기도 했다. 영화의 시대가 시작된 뒤에는 늑대를 닮은 괴물 모습으로 배우를 분장시킨 강렬한 모습이나 보통 사람이 괴물로 변해 가는 장면의 특수 효과가 큰 볼거리가 되었다.

그런데 도대체 이런 전설이 처음 생겨난 이유는 무엇이었을까? 가장 먼저 쉽게 생각해 볼 수 있는 것은 다모증hypertrichosis 때문에 털이 많이 난 사람을 늑대 인간으로 착각했을 가능성이다.

사람은 살갗에 털이 돋아나는 동물이기 때문에 흔히 온몸에 조금씩은 털이 나 있기 마련이다. 그리고 머리카락이 나는 머리 부위나 수염이 나는 남자의 얼굴 일부에는 눈에 뜨일 정도로 털이 많이 난다. 사람에 따라서는 수염이 유독 덥수룩하게 자라는 사람도 있고 머리숱이 많거나 머리카락이 빨리 자라는 사람도 있다. 어떤 사람은 다리에 유난히 털이 많이 나기도 한다. 다모증은 따지고 보면 이런 증상이 좀 더 심하게 나타나는 체질일 뿐이다.

보통 사람은 일단 머리에 털이 많이 돋아나 머리카락을 이루게 된다. 그리고 나이가 적으냐 많으냐, 성별이 남자냐 여자냐에 따라 몇몇 다른 부위에도 털이 돋아난다. 그런데 이런 부위가 아주 엄격하게 정해져 있는 것은 아니다. 눈썹 위 8센티미터까지만 머리카락이 자라나고 거기서부터 1밀리미터라도 어긋나면 털이 전혀 나지 않는다는 식으로 정해져 있는 것이 아니라는 뜻이다. 몸속의 여러 가지 작용에 따라 살갗의 어떤 곳은 털이 잘 자라고 어떤 곳은 잘 자라지 않도록 적당히 나뉘어 있을 뿐이다. 어릴 때는 수염이 안 나던 사람이 나이가 들면 턱과 코 밑에 수염이 나기도 하고, 스트레스를 너무 많이 받으면 잘 자라던 머리카락이 빠지고 그곳에 다시 머리카락이 나지 않게 되기도 한다. 나이가 들면서 자연스럽게 탈모가 진행되어 대머리가 되는 사람도 있다.

이런 식으로 어떤 곳에 털이 나느냐 마느냐는 몸 상태에 따라 바뀔 수 있는 일이다. 다만 그것을 사람 마음대로 조절하기가 어려울 뿐이다. 만약 체질이 남과 조금 많이 달라서 몸 전체에 머리카락처럼 털이 많이 나는 사람이 있다고 해 보자. 그렇다고 해도 아주 이상한 일은 아니다. 머리에 머리카락이 없는 대머리가 이렇게 흔하다면, 반대로 얼굴이나 손등처럼 털이 별로 안 나는 부위에 머리카락처럼 털이 많이 난 사람이 가끔 나타나는 것도 가능한 일일 것이다. 실제로 현대에도 온몸에 머리카락처럼 검은 털이 돋아나는 다모증을 가진 사람들이 간혹 태어난다.

그런데 만약 이런 사람들이 16세기나 그 이전의 유럽에 나타났다고 상상해 보자. 아직 세상에 사람을 차별하면 안 된다거나 사람이라면 누구나 평등한 권리를 지닌다는 생각이 퍼지지 않았던 시대이다. 고귀한 혈통에서 태어난 사람이라면 누구나 왕이나 영주가 되어 다른 사람을 지배하는 것이 당연하며, 노예는 가축 비슷하게 남의 재산이 될 수 있다는 생각을 이상하지 않게 여기면서 사람들은 살고 있었다.

이런 세상에서 우연히 온몸에 털이 난 사람이 눈에 뜨였다면, 그는 차별받는 삶을 살게 되었을 것이다. 사람들이 털이 많이 난 사람을 괴상하고 징그럽다고 여기며 싫어하고 피하려고 했을 것이고 내쫓으려 했을 것이다. 어떤 사람들은 "사람은 본디 몸에 털이 없는데 저 사람은 개나 고양이처럼 온몸에 털이 많으니 분명히 사람보다 짐승에 가까운 괴물일 것이다."라는 말을 지어내기도 했을지 모른다. 그렇다면 짐승처럼 사나운 사람이라는 소문도 생겼을 것이고, 어쩌면 그 사람은 늑대와 사람의 중간쯤 되는 괴물이라는 말이 탄생했을지도 모른다.

그렇게 되면 자연히 이런 사람은 다른 사람들의 눈을 피해서 숲속 깊은 곳에 숨어 살게 된다. 숲에서 혼자 살아가려면 짐승을 사냥하거나 나무 열매를 따는 일을 부지런히 하면서 지내야 한다. 그

16세기 다모증 증상자
라비니아 폰타나, <안토니에타 곤살부스의 초상>, 1580년

혐오와 유희의 대상으로 소비된 네덜란드 가족
게오르그 호프나겔, <곤살부스 가족의 삽화>, 1600년 무렵

에 따라 소문은 더 음침해진다. "내가 어느 날 깊은 숲속에 갔다가 혼자 숨어 사는 수상한 사람을 언뜻 봤는데, 아무래도 다른 짐승을 사냥하는 재주가 뛰어난 게 사람과 늑대의 중간인 괴물 같더라." 하는 식으로 소문은 점점 더 커졌을 것이다.

사람들의 차별 때문에 따돌림을 받아 숲속에서 살던 사람은 혹시 마을에 나올 일이 있어도 자기의 모습이 눈에 잘 뜨이지 않도록 밤에만 돌아다녔을 것이다. 이런 일을 두고도 "사악한 괴물이라서 밤에만 다닌다."라는 소문을 누군가 지어냈을지 모른다. 마침 보름달이 뜬 밤이라 달빛에 언뜻 그 모습이 드러나면 그것을 보고 놀란 누군가가 "보름달이 뜬 밤에 늑대 인간이 나타난 것을 보았다."라고 이야기를 만들었을 거라고 나는 상상해 본다.

이 비슷한 사람에 관한 이야기는 유럽 전설뿐만 아니라 조선시대의 기록에도 나온다. 『순오지』나 『어우야담』 같은 조선시대 이야기책을 보면, 깊은 산속에서 온몸이 털로 뒤덮인 이상한 사람인지 짐승인지 모를 무엇을 만났다는 이야기가 몇 가지 실려 있다. 게다가 몸이 털로 뒤덮여 있다는 이유만으로 보통 사람이 아니라고 단정하는 것까지 유럽의 늑대 인간 전설과 비슷하다.

그런데 재밌는 점은 조선시대 사람들은 이렇게 털로 뒤덮인 사람을 보고 무섭고 사악한 괴물이 아니라 신선이라고 짐작하는 경우가 많았다는 대목이다. 털로 뒤덮인 사람을 홀로 지내면서 무엇인가 늙지 않고 영원히 사는 비법을 깨우친 사람으로 여긴다는 이야기가 조선시대에는 꽤 널리 퍼져 있었다. 아무래도 예로부터 한국에서는 사람 사는 속세를 떠나 깊은 산속에 들어가 살면 뭔가 몸에 좋을 거라는 믿음이 널리 퍼져 있었기 때문에 이런 전설이 생긴 것으로 보인다. 그래도 털이 많은 사람을 숲속에서 보았을 때 그 사람에게 "혹시 신선이 아니십니까? 영원히 사는 비법을 터득하신 것은 아닙니까?"라고 묻고 대화할 수 있었다는 점을 생각해 보면, 상대편을 사악한 괴물이라고 생각하고 없애고 피하려고만 했던 유럽 전설보다는 일단 평화로운 분위기 아닌가 싶다.

늙지 않고 영원히 사는 비법까지는 모르겠지만, 만약 보름달을 보면 갑자기 늑대 모습으로 변신하는 사람이 정말로 있다면 의학 연구에 굉장한 가치가 있을 거라는 점은 확실하다. 일단 늑대 인간의 특성을 이용해서 온갖 다양한 연구를 해 볼 수 있을 테고, 무엇보다 발모제 연구에 엄청난 도움이 될 거라는 점은 바로 알 수 있다. 평범한 사람 모양이었는데 보름달이 뜬 밤이면 갑자기 짧은 시간 안에 온몸에 털이 돋아나면서 늑대 비슷한 모습으로 변신할 수 있다면, 무엇인지는 모르나 털이 안 나는 곳에 빠르게 털을 나게 하는 원리가 그 몸속에 숨어 있다는 뜻이다.

대머리에게 다시 머리카락이 돋아나게 하는 약은 긴 세월 동안 수없이 많은 제약 회사 연구원들이 찾아 헤맨 환상 속의 비법이었고, 만들어 내기만 하면 막대한 돈을 벌 수 있는 약으로 의학계가 애써 매달리던 꿈이기도 했다. 그러니 만약 늑대 인간이 정말로 나타난다면, 공격해서 없애려고 하기 전에 협상을 잘하는 사람을 접근시켜서 "잠깐 진정하시고, 발모제 연구에 협조해 주시면 저희가 아주 융숭하게 대접해 드리겠습니다."라고 부탁해야 한다고 나는 생각한다.

한편 늑대 인간 전설이 생겨난 뿌리로 자주 언급되는 다른 이유로는 공수병도 있다. 흔히 광견병이라고도 하는 바로 그 병이다. 질병관리본부의 「감염병 실험실 진단」이라는 자료에는 이 병이 동물에게 나타나면 광견병이라고 하고 사람에게 나타나면 공수병이라고 부르는 경우가 많다고 쓰여 있다.

공수병은 공수병 바이러스가 사람 몸에 들어오면 발병한다. 공수병 바이러스는 특히 사람의 신경에 붙어서 신경 이곳저곳을 갉아 먹으며 사람을 괴롭힐 수 있다. 며칠 동안은 온몸이 몸살이 난 듯이 아프고, 어느 정도 시간이 지나면 본격적으로 신경이 공격받아 상하기 시작한다. 특히 공수병 바이러스는 사람의 뇌에 연결된 신경도 파괴하기 때문에 정신이 이상하게 변하는 경우가 많다. 불안과 흥분을 느끼기도 하고 잠깐 동안 정신이 오락가락하는 착란 상태에 빠지는 경우도 있다.

공수병 바이러스가 이렇게 신경을 부수다 보면, 뇌가 오작동해서 이상한 감정이 생길 때도 있다. 특히 자주 나타나는 증상으로는 사소한 일도 아주 크게 생각하는 과민증과 난폭한 행동을 거침없이 저지르는 성격으로 바뀌는 증세가 대표적이다. 때문에 공수병 바이러스가 몸을 망가뜨리면 멀쩡하던 사람이 갑자기 사소한 일로 다른 사람을 때리고 해치려고 하며 치솟는 분노를 참지 못해 다른 사람을 물어뜯으려고 하는 일까지도 생길 수 있다. 일단 이 정도로 병이 진전되고 나면 이후 며칠 사이에 정신을 차릴 수 없는 혼수상태에 빠지고 그러다 생명을 잃는다.

공수병에 걸린 사람이 돌변해서 화를 내며 남을 공격하는 모습은 보름달이 뜨면 문득 늑대처럼 변신하는 늑대 인간 전설과 비슷한 점이 있다. 게다가 공수병은 공수병 바이러스를 품고 있는 늑대, 개, 여우, 너구리, 박쥐 등의 짐승에게 사람이 물려서 걸리는 경우가 많다. 늑대 인간 전설 중에는 흡혈귀 전설과 비슷하게 늑대 인간에게 물리면 늑대 인간으로 변한다는 내용이 나오는 것들이 제법 있다. 이렇게 되면 공수병 바이러스 이야기와 늑대 인간 이야기는 더욱 비슷해진다.

예를 들어 사나운 늑대에게 물린 뒤에 공수병 바이러스가 옮은 사람이 있는데 공수병 증세 때문에 얼마 뒤 난폭하게 날뛴다면 "늑대 인간에게 물려서 늑대 인간처럼 되었다."라는 소문이 생기기 쉬울 것이다. 특히 이렇게 난폭해진 사람이 옆에 있는 다른 사람을 물어뜯어서 그 사람까지도 어떤 병에 걸린다면 "늑대 인간에게 물리면 늑대 인간이 된다."라는 전설은 더욱 그럴듯하게 들릴 것이다.

게다가 공수병에 걸려서 사람의 정신이 이상해지기 시작하면 왜인지 몰라도 물을 무서워하는 증세가 생기기도 한다. 애초에 '공수병恐水病'이라는 이름도 물을 무서워하는 병이라고 해서 붙은 것이다. 물이라는 사물은 도대체 사람의 뇌 속에 어떤 식으로 자리 잡고 있기에 공수병 바이러스가 신경세포를 부수어 망가뜨릴 때 세상의 온갖 사물 중에서도 하필이면 물에 대한 무서움이라는 감정이 생겨나는 것일까? 이것도 굉장히 수수께끼 같은 일이다. 유럽 전설에는 흡혈귀 같은 사악한 괴물들이 물을 무서워한다는 이야기가 끼어 있는 경우가 많은데, 공교롭게도 이런 특징 역시 공수병의 증상과 잘 들어맞는다.

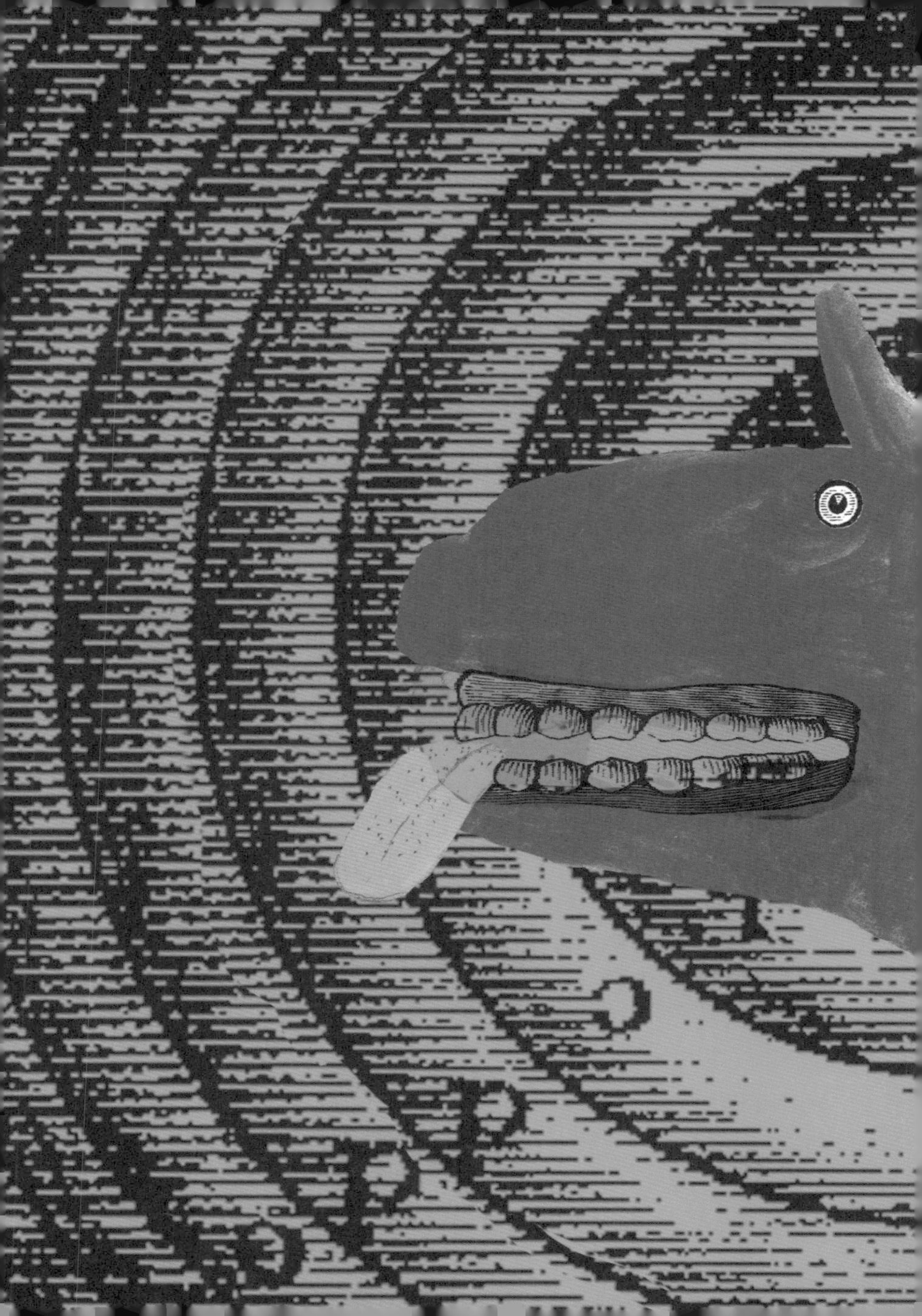

아주 긴 세월 동안 공수병은 걸리면 치료할 약이 없어서 그저 생명이 끝나는 것을 기다리는 수밖에 없는 질병이었다. 지나가는 들개한테 물려서 작은 상처가 생긴 것뿐인데 운이 없으면 목숨을 잃는 병이 된다니, 옛사람들에게는 특히 무서운 저주처럼 보였을 것이다. 게다가 공수병에 걸린 사람이나 동물은 얼마 뒤 사납게 변해서 주위를 공격하려고 하니 무엇인가 사악한 것이 퍼져 나가는 느낌도 들었을 것이다. 그러니 늑대에게 물린 뒤 공수병에 전염되어 하나둘 이상하게 변해 가는 사람들을 보고 누군가 늑대 인간의 전설을 퍼뜨렸을 가능성이 없지 않을 것이다.

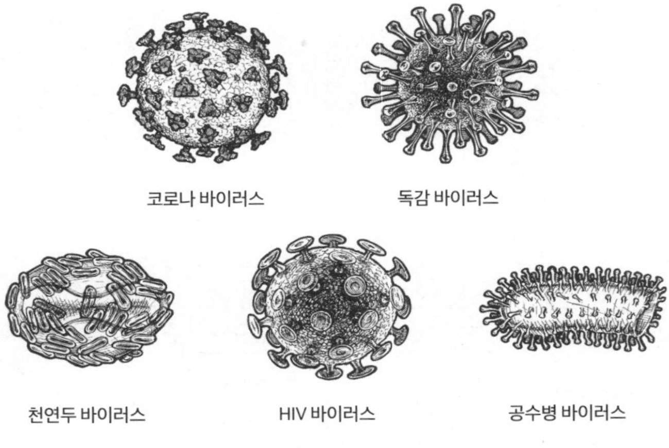

대표적인 감염병 바이러스들

사실 이런 공수병의 특이한 증상도 알고 보면 크고 작은 온갖 다양한 생명체가 득실거리는 생태계 속에서 바이러스가 살아남아 퍼지기 위해 나름대로 진화한 결과일 뿐이다. 비교해 보자면 민들레 씨앗은 바람에 날려 잘 퍼지는 모양으로 변해서 멀리 퍼져 나가고, 도꼬마리 열매는 사람이나 동물 털에 달라붙는 모양으로 변해서 이곳저곳으로 퍼져 나가는 방식으로 진화한 것과 크게 다를 게 없다. 그와 꼭 같이 공수병 바이러스는 다른 동물의 뇌신경을 갉아 먹어 그 동물이 주위의 또 다른 동물을 물어뜯고 입을 갖다 대며 날뛰게 만들어서 그 통로를 이용해 퍼져 나가는 방식으로 진화했다는 뜻이다.

공수병 바이러스를 막아 내는 방법을 처음으로 찾아낸 사람은 다름 아닌 파스퇴르다. 우연히도 늑대 인간 전설이 내려오던 지역인 돌 출신의 과학자가 늑대 인간을 떠올리게 하는 병인 공수병을 퇴치한 셈이다. 파스퇴르가 공수병을 퇴치하는 데 성공한 것이 1885년이니 그의 고향에서 늑대 인간 전설이 퍼지기 시작한 지 300년쯤 뒤의 일이다.

파스퇴르가 사용한 방법은 공수병 바이러스를 약하게 만든 뒤

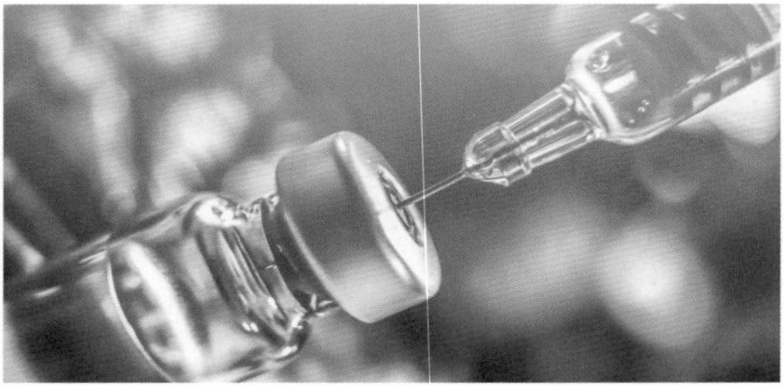

바이러스를 물리치는 항체를 만드는 백신

에 그것을 사람 몸에 일부러 주입하는 방식이었다. 바이러스를 약하게 만들어 집어넣기 때문에 사람에게 큰 해를 끼치지는 못한다. 바이러스는 그저 얼마 지나지 않아 사람 몸의 면역 체계에 의해 저절로 퇴치되어 버린다. 그런데 그러는 중에 몸속의 면역 체계가 공수병 바이러스를 스스로 몰아내고 퇴치하는 방법을 익힌다. 한 번 그렇게 되면 그 뒤에는 사람을 공격할 수 있는 강한 진짜 공수병 바이러스도 면역 체계가 막아 낼 수 있다. 그러니까 파스퇴르가 사용한 방법은 사람 몸속의 면역 체계가 쉽게 이길 수 있는 연습 상대가 되는 바이러스를 일부러 넣어 싸우는 기술을 길러 주는 수법이라고도 할 수 있겠다. 이런 수법으로 병을 퇴치하거나 예방하는 약을 백신vaccine이라고 부른다.

전설 속에서 늑대 인간을 물리치는 방법은 은으로 만든 총알을 총에 넣어 쏘는 것이라고들 한다. 그렇지만 파스퇴르가 실제로 공수병을 퇴치하기 위해 쓴 방법은 총 대신 주사기를, 은 총알 대신 백신을 넣어 찌르는 방법이었다. 백신이라는 약이 다름 아닌 퇴치해야 할 병원체인 공수병 바이러스 그 자체를 약하게 만든 것이라는 점은 곱씹어 볼수록 신기하다. 옛 전설 식으로 말하자면 악한 것으로 악한 것을 퇴치했다는 느낌도 든다. 늑대 인간 전설에 끼워 맞춰 보자면, 마치 늑대 인간이 흘린 침을 가공해서 만든 총알로 늑대 인간을 물리쳤다는 느낌이다.

【개구리 왕자】

“

고맙습니다. 덕분에 드디어 다시 사람이 되었네요. 이제 제 왕국으로 돌아가서 궁전에서 편히 지내며 부유한 삶을 즐겨야겠어요. 물론 저를 사람으로 변하게 해 주신 선생님께도 성심을 다해 보답하겠습니다. 그런데 제가 도대체 어느 나라 왕자였는지 생각이 안 나네요. 어머니, 아버지도 전혀 기억이 안 나고. 왕자로서 행동하는 예절이나 왕자가 알아야 할 지식 같은 것도 하나도 모르겠어요. 왜 기억이 이렇게 많이 지워졌을까요? 기억상실증은 일일 연속극에 많이 나오는 소재 아니었나요? 왜 이야기가 이렇게 돌아가는 것인지요?

”

「개구리 왕자」 이야기가 세상에 널리 소개된 것은 19세기 독일의 그림 형제가 독일 지역에서 전해 내려오는 전설을 수집해 책으로 만들 때 이 이야기를 포함하면서부터였던 것 같다. 그림 형제의 책에는 이 이야기의 제목이 'Der Froschkönig oder der eiserne Heinrich'라고 되어 있는데, 한국어로 말 그대로 번역하면 '개구리 왕 또는 강철 같은 하인리히'가 된다. 여기서 하인리히는 개구리 왕자의 신하이다.

이 이야기의 줄거리는 개구리 모습으로 변해 버린 왕자가 공주를 만나서 이런저런 우여곡절을 거친 끝에 마침내 다시 왕자의 본래 모습으로 돌아오게 되었다는 내용이다. 잘 알려진 이야기이고 널리 퍼진 이야기인 만큼 상세한 줄거리도 어디서든 쉽게 찾아볼 수 있다.

전설 속에서 이야기의 핵심은 개구리 왕자가 어떤 과정을 거쳐 본래의 사람 모습을 갖게 되었는가 하는 점이다. 그런 만큼 우리는 이야기에서 다루지 않은 부분, 즉 도대체 멀쩡한 사람이었던 왕자를 어떻게 개구리로 바꿀 수 있었는가 하는 그 반대 방향의 사연을 한번 살펴보자.

개구리 왕자는 겉모습은 개구리이지만 생각, 성격, 마음은 모두 사람, 그것도 왕자인 상태이다. 사람의 생각, 성격, 마음은 대체로 사람의 몸 중 뇌에서 비롯한다고 한다. 그렇다면 왕자를 개구리의 모습으로 만드는 가장 간단한 방법은 왕자의 머릿속에서 뇌를 꺼내 개구리의 머릿속에 집어넣고 그 상태로 개구리의 몸과 왕자의 뇌를 연결해 버리는 방법이다.

이런 수술은 SF물의 단골 소재이기도 하다. 아주 늙은 사람이 있었는데 다시 젊어지고 싶어서 젊은 사람의 몸을 사들인 다음 그 젊은 몸의 머리통 속에 늙은 자신의 뇌를 집어넣는다는 줄거리는 여러 차례 극화된 적이 있다. 소설 『프랑켄슈타인』은 SF 역사의 초기를 장식하는 명작인데, 프랑켄슈타인이 만든 괴물을 소재로 하는 영화가 여러 편 나오면서 이렇게 한 사람의 뇌를 다른 몸속에 집어넣는 수술 장면이 여러 차례 등장하기도 했다.

SF물에서 이런 수술은 뇌를 다른 몸에 집어넣는다고 해서 '뇌 이식수술'이라고 부르기도 하고, 사람의 정신이 뇌에 대부분 존재한다고 여기는 만큼 뇌를 중심으로 보고 뇌를 제외한 나머지 모두가 바뀌는 수술이라고 해서 '전신 이식수술'이라고 부르기도 한다.

SF물 속의 뇌 이식수술은 실제로 해 보려면 결코 쉽지 않은 이야기다. 하지만 개구리의 몸에 왕자의 뇌를 집어넣는 수술은 그와는 비교할 수 없을 만큼 격이 다른 문제가 있다. 이 문제는 아주 단순하지만 몹시 해결하기 어렵다.

그 문제란 바로 개구리 머리가 사람 머리에 비해 너무 작다는 점이다. 사람마다 머리 크기는 제각각이고 한국에서는 머리 크기가 작은 것을 미의 기준으로 보는 문화가 강하기도 하다. 하지만 어른이라면 아무리 머리가 작다고 해도 보통 한국의 개구리 머리 크기보다는 훨씬 더 크다.

한국에 사는 개구리는 대체로 길이가 20센티미터 정도이므로 170센티미터 정도의 어른이라면 일단 키만 따져 봐도 개구리보다 사람이 8배 정도 크다. 부피 차이는 길이 차이의 세제곱에 비례한다는 점에 따라 추측해 본다면 개구리의 머릿속 공간은 사람 머릿속 공간의 512분의 1밖에 되지 않는다. 「개구리 왕자」의 본고장인

독일의 어느 마을을 찾아가면 특별히 큰 개구리가 사는지는 모르겠지만, 아무리 크다고 해도 사람의 뇌를 개구리 머릿속에 넣을 만큼 크지는 않을 것이다.

한국에서 쉽게 볼 수 있는 개구리 중에 가장 큰 것은 황소개구리인데 황소개구리조차도 넉넉잡아 다리를 편 길이가 40~60센티미터다. 이 정도로 큰 개구리는 약간 무서워 보인다. 하지만 머리 크기를 사람과 비교해 본다면 여전히 사람 머릿속 공간의 20분의 1~30분의 1밖에 되지 않는다.

지구상의 개구리 중에서 가장 큰 개구리는 아프리카의 열대 지역 일부에 사는 골리앗개구리Goliath frog라는 종류인데, 이 골리앗개구리라 하더라도 황소개구리보다 좀 더 큰 정도지 황소개구리의 네 배, 다섯 배 크기인 것은 아니다. 이렇게 생각하면 어느 개구리든 현재 지구에서 살아가고 있는 개구리에 사람 뇌를 집어넣으려고 한다면 10분의 1도 제대로 넣기 힘들다. 뇌의 10분의 1을 집어넣을 수 있다고 해도, 이 말은 지금 뇌의 90퍼센트를 버리고 10퍼센트밖에 넣을 수 없다는 뜻이다.

이는 어쩌면 생각할 수 있는 능력, 지능, 왕자가 갖고 있던 모든 기억, 감정의 90퍼센트를 포기하고 고작 10퍼센트밖에 남겨 둘 수 없다는 이야기가 될지도 모른다. 실제로 수술을 시도해 보면 상황

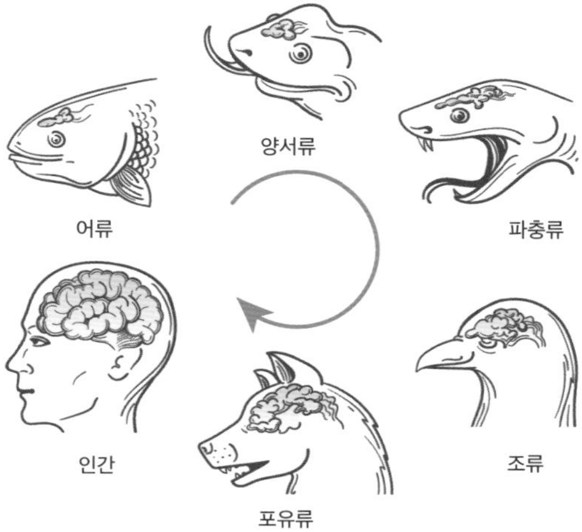

동물의 뇌
다양한 동물의 뇌 모양과 크기

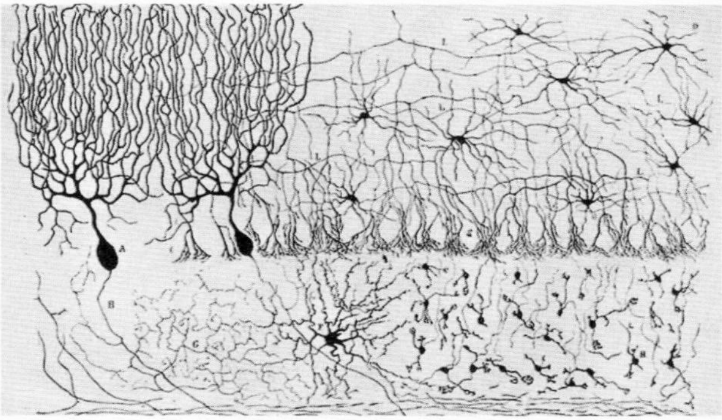

뇌신경세포 소묘
라몬 카할, 1905년

은 더 나쁠 수 있다. 뇌의 10퍼센트를 남겨 둘 수 있다고 하지만, 몸을 움직이고 조절하는 데 필요한 뇌의 기능은 개구리로 살기 위해서라도 포기할 수가 없다. 어쩔 수 없이 이런 기능을 꼭 우선적으로 옮겨야 한다면, 개구리 몸속으로 옮길 수 있는 뇌의 10퍼센트 중에서 기억이나 성격을 위해 쓸 수 있는 공간은 5퍼센트, 어쩌면 3퍼센트밖에 안 되는 더 작은 크기일지도 모른다.

그런 식으로 90퍼센트 이상의 뇌를 포기하고 남은 부분만 개구리 머릿속에 옮긴다면 사람처럼 생각하고 기억하고 말하기란 대단히 어려울 것이다. 훨씬 더 커다란 사람의 뇌로 하던 모든 생각을 20분의 1밖에 되지 않는 개구리의 뇌로 하기란 어렵다. 뇌는 많은 신경세포와 그사이에 쌓여 있는 여러 가지 다른 물질이 엮여서 이루어져 있는데, 개구리 뇌 속에는 아무리 욱여넣어도 사람 뇌만큼 많은 신경세포와 물질들을 넣을 수가 없다. 컴퓨터의 크기를 작게 줄이는 데 한계가 있는 것과 비슷한 이치다. 결국 왕자를 개구리로 만들면 왕자일 때의 정신과 기억은 어느 정도 포기할 수밖에 없다. 이렇게 되면 사람처럼 말하고 생각하는 능력조차 잃어버릴 가능성이 높다.

조선시대에 이 비슷한 전설이 있었다. 민간에 떠도는 기이한 이야기를 묶은 『천예록』에는 평안남도 용강 지역에 내려오는 전설로 어떤 남자가 노인이 되어 나이가 많아지더니 어느 날부터 점차 몸이 홍어로 변해 버렸다는 이야기가 있다. 이 이야기 속에서 홍어로 변한 남자는 말을 하지도 못하고 사람 같은 행동을 하는 것도 없이 그냥 홍어처럼 행동할 뿐이다.

몸이 홍어로 변하면 머리 크기도 홍어처럼 변하고 뇌도 홍어처럼 변하기 때문에, 아무래도 사람의 모든 정신 활동을 그 작은 뇌로는 할 수가 없게 된다. 그러니 사람이 한번 짐승으로 변신하고 나면 사람일 때의 기억과 성격을 많이 잃어버릴 수밖에 없다는 이야기가 오히려 자연스럽다. 어쩌면 그렇게 바닷속을 자유롭게 헤엄치는 물고기의 마음으로 변하면 사람의 온갖 걱정과 고민을 다 잊게 되기 때문에, 오히려 그 남자는 그렇게 변신하기를 원했을지도 모르겠다.

이런 문제는 개구리 왕자뿐만 아니라 사실 모든 변신하는 괴물들에게 생기는 문제다. 흡혈귀가 갑자기 박쥐로 변했다고 해 보자. 박쥐의 뇌는 사람보다 훨씬 더 작다. 사람의 머릿속에 들어 있어야 할 온갖 기억과 정신이 박쥐의 작은 뇌 속 어디에 저장될 수 있겠는가?

사람의 기억과 생각은 뇌가 없으면 이루어질 수가 없다. 병에 걸리거나 사고를 당하거나 해서 뇌가 상하면 그 상한 만큼 사람은 생각을 잘 하지 못하게 된다. 그런데 사람 크기의 뇌가 개구리나 박쥐 크기의 작은 뇌로 변하는 일은 뇌의 큰 부분이 사라지는 셈이나 다름없다. 당연히 정신의 훨씬 더 많은 부분을 잃어버릴 수밖에 없는 것이다.

이 문제를 해결하는 가장 단순하고 쉬운 방법은 개구리 왕자가 사실은 아주 큰 개구리라고 가정하는 것이다. 사람의 뇌를 집어넣을 수 있을 만큼 넉넉한 크기의 개구리라면 뇌 일부분을 포기하는 일 없이 통째로 다 옮겨 넣을 수 있을 것이다. 개구리 중에 세상에서 가장 큰 것보다 두세 배쯤 몸길이가 더 긴 개구리가 있다고 치고, 왕자가 본래 체구가 좀 작은 사람이었다고 한다면 뇌를 집어넣을 공간이 없다는 문제는 해결된다.

이것이 아주 불가능한 상상만은 아니다. 개구리는 아니지만 같은 양서류인 도롱뇽 중에는 굉장히 크게 자라나는 것들이 있다. 현재의 지구가 아니라 과거의 지구에는 엄청나게 큰 양서류도 있었다. 도롱뇽을 닮은 것 중에는 사람보다 훨씬 큰 9미터 정도의 길이까지 자라는 것도 있었다고 한다. 2억 8000만 년 전에 지구에서

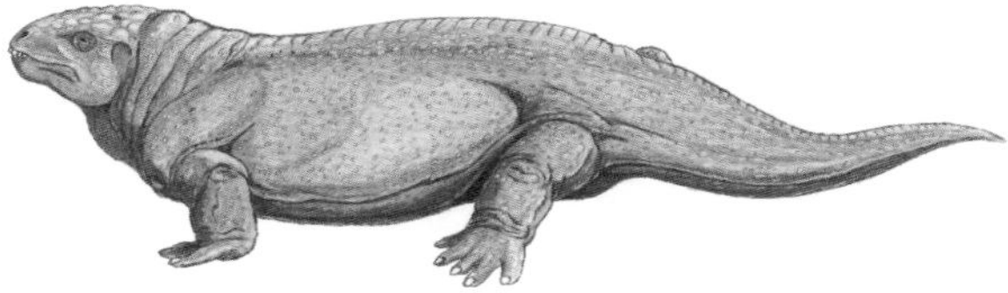

디아덱테스

살다가 멸종되었다고 하는 디아덱테스Diadectes라는 양서류는 파충류에 가까웠다고 하지만 겉모습은 개구리와 제법 비슷하고 길이는 1.5미터에서 3미터 사이였다. 이만큼 큰 개구리를 만들어 낸다면 왕자의 뇌를 머릿속에 충분히 집어넣을 수 있다.

그런데 그림 형제의 「개구리 왕자」 이야기를 보면 공주가 화가 나서 개구리를 집어 던지는 대목이 나온다. 물론 공주가 힘이 아주 셌다거나 "작은 사람도 큰 사람을 이길 수 있다."라고 강조하는 브라질리언 주짓수 같은 무술에 능했다면 사람만큼 덩치가 큰 개구리를 던지는 것도 불가능한 일은 아닐 것이다. 나는 개구리 왕자는 굉장히 큰 개구리였고 사실은 공주가 힘이 장사였으며 주짓수 같은 무예에 능했다는 이런 이야기도 썩 마음에 든다. 그렇지만 예로부터 이 전설을 그린 삽화를 보거나 이야기의 다른 세부를 보면 아무래도 정황이 그랬을 성싶지는 않다.

그러니 개구리 왕자가 보통 개구리 크기밖에 되지 않는 작은 크기였고, 그러면서도 사람처럼 말도 하고 생각도 할 수 있었다면 전혀 다른 방식을 생각해 봐야 한다. 개구리 크기밖에 되지 않는 작은 뇌를 사용하면서도 그 성능은 사람의 커다란 뇌와 비슷하려면 어떤 방법을 써야 할까?

예를 들어 아직 우리가 잘 알지는 못하지만 뇌세포의 밀도와 성능을 열 배, 백 배로 끌어 올려 줄 수 있는 어떤 뛰어난 기능 개선제 같은 약을 만들어 낼 수 있다면 이런 약을 이용해 작은 개구리 뇌로 사람처럼 생각하게 만들 수 있을 것이다. 그게 아니라면 아주 성능이 뛰어난 작은 컴퓨터를 만들어 낸 뒤, 그 컴퓨터를 사람의 뇌와 연결해서 개구리 뇌 속에 심어 놓으면 어떨까? 개구리의 작은 뇌를 컴퓨터가 도와주는 방식으로 사람 뇌만큼의 기능을 하도록 만들 수도 있지 않을까 하는 상상도 나는 해 본다.

지금으로서는 막연한 생각에 지나지 않는 이야기다. 그렇지만 어느 쪽이건 이런 기술이 개발되면 왕자를 개구리로 만드는 고약한 장난보다는 뇌를 다친 사람을 치료하는 데 매우 유용하게 쓰일 수 있는 기술이라고 생각한다. 노인이 되어 뇌가 점차 쇠퇴될 때도 작은 뇌로 큰 뇌의 역할을 하게 하는 이런 기술을 사용할 수 있다면, 다시 젊은 사람처럼 잘 작동하는 뇌로 고칠 수 있을지 모른다. SF 소설집 『행성 대관람차』에 나오는 「전송절 기념사」를 비롯해 많은 SF물 속에는 노인이 되어 뇌가 쇠퇴되고 있는 사람이 머릿속에 고성능 컴퓨터를 연결해서 뇌를 유지한다는 이야기가 종종 나오기도 한다.

온갖 역경을 극복하고 왕자의 뇌를 개구리 몸속에 집어넣는 데 성공했다고 해도 풀어야 할 문제는 많다. 먼저 혈액형이 다르면 수혈을 해 줄 수 없듯 모든 이식수술에는 바깥에서 들어온 뭔가 다른 물체를 본래의 몸이 거부하는 현상이 일어난다. 그러므로 이 문제를 가장 먼저 해결해야만 한다. 개구리 왕자는 단순히 혈액형이 다른 정도의 문제가 아니라 사람의 뇌를 개구리 몸속에 넣은 상황이니 문제가 훨씬 심각할 것이다. 온갖 이상한 면역반응 때문에 몸이 아파지는 문제와 유전자가 전혀 다른 세포 덩어리가 갑자기 몸에 같이 들어 있어서 생길 이상한 현상을 막아 낼 방법을 찾아야만 한다.

게다가 뇌에서 온몸으로 뻗어 있는 그 많은 신경을 하나하나 개구리 몸에 맞게 연결하는 것부터가 매우 복잡한 일이다. 개구리의 신경이 느낌을 전달하는 방식과 사람의 신경이 느낌을 전달하는 방식이 정확히 똑같을 리가 없다. 같은 척추동물이니 비슷한 점이 있기야 하겠지만 완전히 들어맞지는 않을 것이다. 비슷한 전기신호를 전달하는 선이라고 해도 컴퓨터와 모니터를 연결하는 HDMI 단자와 컴퓨터와 마우스를 연결하는 USB 단자는 다르기 마련이다. 그러므로 이것을 바꿔 주는 변환 장치에 해당하는 뭔가를 끼워 넣어야 한다.

또한 개구리의 몸에 필요한 영양 성분과 사람의 몸에 필요한 영양 성분이 다르다는 점도 문제가 될 수 있다. 사람의 뇌가 활동하기 위해 꼭 필요한 몇 가지 물질들이 개구리의 몸속에서는 충분히 생산되지 않을 수도 있다. 그렇다면 이번에도 뭔가 성분 변환 장치에 해당하는 것을 개구리 몸속에 더 넣어야 한다. 아니면 이런 부족한 점을 보충해 주는 영양제 같은 것을 꾸준히 먹어야 할지도 모른다. 만약 이런 식으로 개구리 왕자가 뇌 속에 컴퓨터가 달려 있는 모습이고, 그 밖에도 여러 가지 변환 장치가 붙어 있는 모습이라면, 어쩌면 개구리 왕자는 기계와 개구리가 결합한 사이보그 같은 모습일 수도 있겠다.

마지막으로 어찌어찌해서 살아가는 데 반드시 필요한 이 모든 어려움을 해결했다고 해도, 그 몸에 왕자가 적응하는 것은 또 새로

운 문제다. 개구리의 눈, 귀, 코의 구조는 사람과 많이 다르며, 피부도 사람과 전혀 다르다. 눈에 보이는 것, 귀에 들리는 소리, 코에 감지되는 냄새 역시 사람일 때와는 전혀 달라진다.

예를 들어 2020년 초에 발표된 요바노비치 연구팀의 연구 결과에 따르면, 어떤 개구리들은 눈에서 렌즈 역할을 하는 수정체의 성분이 특이해서 특정한 색깔의 빛을 막아내는 기능이 있다고 한다. 말하자면 눈이 선글라스 역할도 하고 있다는 이야기다. 이런 개구리의 눈을 갖고 있다면 보라색 같은 색깔은 느끼기가 어려워진다. 당연히 그런 눈으로 보는 풍경도 사람의 눈으로 보는 풍경과는 다를 것이다.

즉 개구리 왕자는 세상을 괴상한 풍경으로 변형해서 보여 주는 안경을 쓴 것 같은 눈과, 사람의 발자국 소리는 너무나 무섭게 들리고 개구리 울음소리는 너무나 감미로운 음악처럼 들리는 이상한 귀를 가진 채로 세상에 적응해 지내야 한다. 그런 개구리의 귀로는 사람의 목소리도 사람이었을 때 듣는 것과는 다르게 들릴 테고 대화를 알아듣는 것조차 힘들지 모른다.

그렇게 생각하면 왕자가 하루빨리 다시 본래의 사람 모습으로 돌아오고 싶어 했던 것도 이해가 된다. 그러나 그 과정 역시도 전설 속에 나오는 것보다는 훨씬 더 어려운 일이었을 것이다. 이야기 속에서 왕자는 공주에게 재잘재잘 온갖 말을 잘도 하면서 사람으로 변할 길을 찾아 나가지만, 개구리의 몸에는 사람처럼 씹을 수 있는 이도 없고 혀의 구조도 사람과 아주 다르다. 소리를 내는 방식도 사람의 성대와는 무척 다른 개구리의 몸으로는 말 한마디조차 알아듣게 하기가 퍽 고달팠을 것이다. 이야기 속 개구리 왕자의 이상한 성격과 행동도 조금은 이해가 된다.

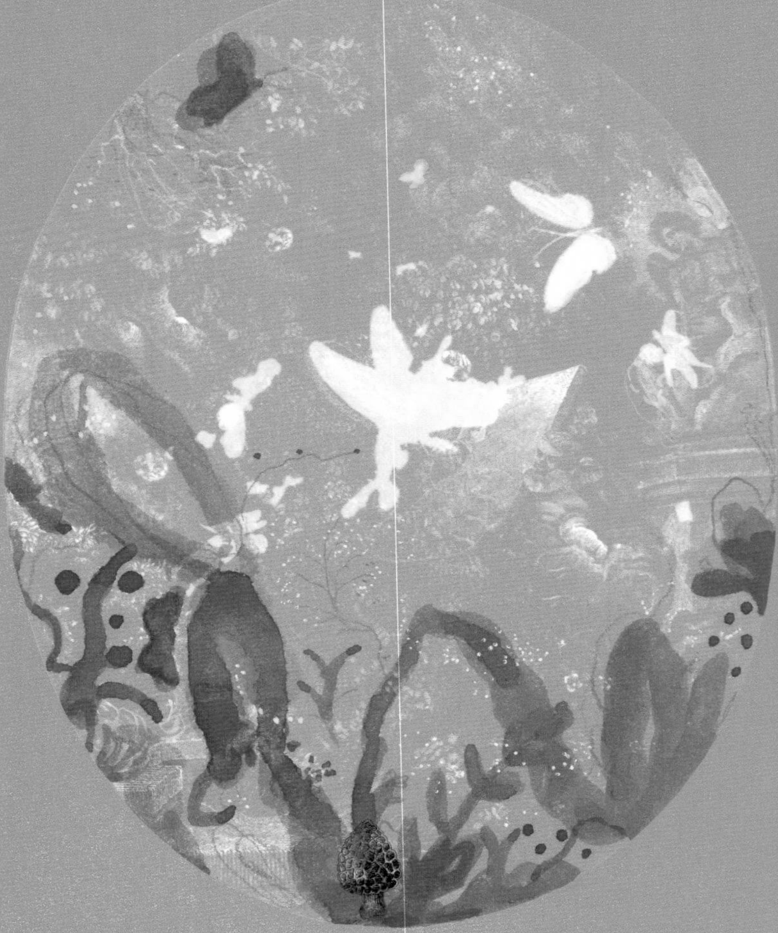

[요정]

깊은 산속에서 나무 열매를 먹고 산다는 요정 전설을 듣고 나는 산속을 헤맸다. 그러다가 가게에서 산 과일 젤리를 하나 꺼내어 놓았는데, 그 냄새를 맡고 어디서 왔는지 요정들이 나풀나풀 날아왔다. 날개를 접고 아장거리며 다가온 요정들은 젤리 주변을 둘러싸고 있었다. 분명히 과일 냄새는 나는데 과일 젤리 봉지를 어떻게 뜯어 먹는 것인지 도무지 짐작이 가지 않아 서로 두리번거리기만 하는 모양이었다. 낯선 생김새 때문에 겁먹은 것 같기도 했다. 내가 손을 내밀어 젤리 봉지를 열어 주었다. 대단히 놀라운 발견을 했다는 듯이 요정들은 감탄하면서 기뻐한다. 그리고 가장 용감한 요정 하나가 조심스레 다가와 젤리 맛을 보았다. 요정은 맛에 감격해 하늘로 날아오르며 춤을 추었다.

요정이라고 하면 쉽게 떠오르는 모습은 사람 형상이면서 키는 손바닥만 하고 날개가 달려서 날아다니는 장면이다. 옛날 동화책 삽화를 보면 나비처럼 생긴 날개를 달고 있는 모습으로 묘사할 때도 많다. 아닌 게 아니라 실제 나비 종류 중에는 크기가 커서 언뜻 보면 괴상해 보이는 것들이 있다. 한국의 깊은 산지에는 긴꼬리산누에나방*Actias artemis* 같은 커다란 나방 종류가 사는데 이런 나방들은 정말로 손바닥 크기에 가깝다. 하얗고 통통한 몸집에 굵직하면서 툭 튀어나온 더듬이의 모양도 처음 보면 신기하다. 옥색긴꼬리산누에나방*Actias gnoma mandsahurica* 등의 몇몇 나방 무리는 묘한 날개 빛깔과 알록달록한 무늬도 특이해서 무슨 옷이라도 차려입은 것처럼 보일 지경이다.

옥색긴꼬리산누에나방

거의 새 크기만 한 나방이 이런 이상한 모습으로 나타나면 놀랄 만도 하다. 도시에서만 살던 사람이 입대 후 병사가 되어 산속에 있는 군부대에 배치되면 이런 큰 나방을 보고 깜짝 놀라는 일도 있다. 한국군 병사들은 신병들을 놀라게 하는 산에 사는 커다란 나방에게 '팅커벨'이라는 별명을 붙여 부르기도 한다.

그렇지만 아무래도 나비와 사람은 그 몸의 구조 차이가 너무 크다. 나비의 얼굴을 보면 눈, 코, 입이 어디에 어떻게 있는가 하는 점부터 사람과 아주 다르다. 몸의 구조는 더욱 달라서 나비의 몸에는 사람처럼 붉은 피가 돌지도 않고, 뼈에 살이 붙어 있는 대신 딱딱한 겉껍질 속에 말랑한 부분이 들어 있다.

동물을 흔히 분류하는 기준에 따르면 사람은 척삭동물문Chordata의 포유강Mammalia에 속하고, 나비는 절지동물문Arthropoda의 곤충강Insecta에 속한다. 척삭동물문, 절지동물문과 같은 문phylum이라는 단위는 동물계kingdom에 속하는 세상의 모든 동물을 나누는 가장 큰 단위이다. 그러므로 사람과 나비가 다른 문에 속한다는 것은 분류법상으로 보면 동물계의 모든 동물 중에서 가장 다른 동물 부류에 속한다는 느낌으로 봐야 할 정도다. 그렇게 생각하면 나비와 사람을 동시에 닮은 요정을 만들어 낸다는 말은 아무래도 너무 심하게 불가능한 일처럼 들린다.

그렇다면 사람과 훨씬 더 닮은 동물 중에 요정에 가까운 것은 무엇이 있을까? 사람이 속하는 포유강의 동물 중에 자유롭게 하늘을 날아다닐 수 있는 동물을 찾아본다면 답은 하나뿐이다. 바로 박쥐가 여기에 속한다.

아무래도 전설 속에서 박쥐는 어둡고 무서운 세상의 짐승으로 나오는 경우가 많다. 유럽에서는 악한 일의 상징인 악마를 그림으로 그릴 때 박쥐 비슷한 모습으로 표현하는 일도 많았다. 옛 중국에서는 번개의 신령인 뇌공雷公을 그림으로 그릴 때 박쥐 같은 날개를 달고 있는 모습으로 표현하기도 했다. 한국의 불교 사찰에도 뇌공 그림이 그려져 있는 경우가 있는데, 역시 박쥐 같은 날개가 달린 모습으로 표현되어 있다. 이런 그림을 보면 악마까지는 아니지만 박쥐의 날개가 달린 뇌공의 모습 역시 위엄 있고 무서운 신령의 모습으로, 아름다운 요정과는 거리가 있다.

그래도 나비에 비하면 박쥐가 훨씬 더 사람과 가깝다. 당장 얼굴만 살펴봐도 박쥐의 얼굴에는 사람처럼 눈, 코, 입, 귀가 뚜렷이 있고 눈, 코, 입, 귀의 개수도 사람과 같다. 팔다리의 개수와 구조도 사람과 크게 다르지 않고, 새끼를 낳고 젖을 먹이고 몸에 붉은 피가 돌며 심장, 간, 위장, 콩팥, 뇌 등의 장기가 있다는 점을 비롯해 그 구조와 위치도 사람과 닮았다.

그러면서도 박쥐의 크기는 이야기 속 요정에 가깝다. 보통 영화나 그림에는 커다랗고 흉측한 박쥐들이 자주 나오기 마련이므로 상상 속의 요정보다는 좀 큰 느낌이긴 하다. 하지만 한국에서 비교적 흔한 박쥐인 관박쥐나 집박쥐의 경우 몸길이가 보통 4~5센티미터밖에 되지 않는다. 날개가 크다 보니 생각보다 큰 느낌일 뿐 키만 보면 사람 손가락 길이의 동물이라고 할 만할 정도다. 다 자라지 않은 아기 박쥐는 그보다 더 작을 것이다.

태국과 미얀마의 일부 지역에 사는 뒤영벌박쥐Bumblebee bat, *C. thonglongyai* 같은 박쥐는 더욱 작아서 보통 그 크기가 3센티미터가 채 되지 않는다. 이 정도면 큰 곤충보다도 작은 크기다. 몸체를 사람 엄지손가락 위에 올려놓을 수도 있다. 뒤영벌박쥐는 작은 동물이라고 하면 흔히 떠올릴 수 있는 다람쥐 같은 동물보다도 훨씬 작다고 할 수 있다. 어쩌면 포유강에 속하는 모든 동물 중에서도 거의 가장 작은 동물이 바로 뒤영벌박쥐인지도 모른다. 그렇다면 적어도 크기에 대해서는 나비만큼 작은 요정에 견주어 볼 만하다. 문제가 있다면 아무래도 박쥐 하면 떠오르는 칙칙한 모습과 쥐를 닮은 그 얼굴이 요정이 주는 느낌과는 거리가 있다는 점이다.

박쥐의 겉모습은 멜라닌melanin이라는 물질의 영향을 많이 받는다. 멜라닌은 타이로신tyrosine이라는 물질이 변형된 뒤에 아주 살짝 엉겨 붙어 결합된 형태라고 볼 수 있다. 만약 엉겨 붙은 덩어리가 계속 더 결합되어 아주 길게 줄줄이 연결되는 구조가 된다면 그것을 흔히 고분자polymer라고 한다. 우리가 일상생활에서 흔히 보는 플라스틱이 고분자물질의 대표로 꼽힌다. 멜라닌은 여러 분자가 엉겨 제법 크게 붙어 있는 모양이지만 그렇다고 고분자라고 할 만큼 길게 줄줄이 연결된 모양의 물질은 아니다. 이렇게 어중간하게 살짝 달라붙어 결합된 형태의 물질을 올리고머oligomer라고 한다.

올리고머 모양으로 만들어진 적당히 커다란 멜라닌을 여러 덩어리 모아 놓는다고 해 보자. 이렇게 크기가 들쭉날쭉한 덩어리들이 대충 모여 있다면 완전히 아귀가 맞게 물리거나 규칙적으로 완벽히 포개어지는 모양으로 모이기란 아무래도 어렵다. 그보다는 다양한 조각조각이 이리저리 여러 형태로 뭉쳐 있는 모양이 된다. 마치 수천, 수만 가지 모양으로 깨어져 있는 아주 작은 유리 조각

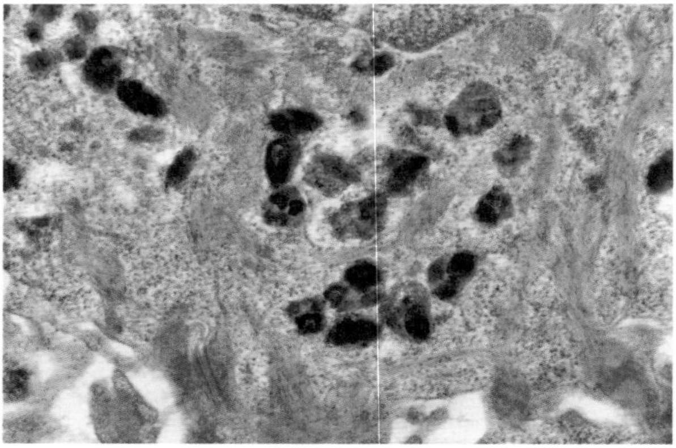

세포 속 멜라닌
상피세포 속 멜라닌 소체의 전자현미경 사진

들을 한군데 모아 놓은 모양과 비슷하다.

여기에 빛을 쬐어 주면 서로 조금씩 다른 각도와 방향으로 놓여 있는 그 멜라닌 조각조각이 저마다 자기가 잘 흡수할 수 있는 색깔의 빛을 흡수하는 현상이 일어난다. 온갖 다양한 모양의 멜라닌 조각이 모여 있는 상황이라면 결국 모든 색깔의 빛이 다 흡수되어 버린다. 그 때문에 아무 색깔도 나타나지 않고 검은 색깔로 보이게 된다. 사람의 머리카락이나 피부, 점이 검은 색깔로 나타나는 것도 바로 이 멜라닌이라는 물질이 있기 때문이다.

그런데 몸속에서 멜라닌이 만들어지려고 할 때 만약 재료로 타이로신만 사용되는 것이 아니라 시스틴cystine이라는 물질도 같이 사용되면 완성되는 물질의 형태가 좀 다르게 변해 버린다. 멜라닌이 만들어질 때 시스틴이 타이로신에 끼어들어 조금 다른 모양으로 생겨난 물질을 페오멜라닌pheomelanin이라고 한다.

페오멜라닌은 멜라닌보다 약간 더 구부러진 모양이기 때문에 뭉쳐 있을 때의 모양도 보통 멜라닌과는 달라진다. 그 차이 때문에 페오멜라닌은 완전한 검은색으로 나타나지 못하고 보통 붉은색 등 다른 색깔로 보이게 된다. 사람 몸에서 입술이나 젖꼭지 같은 부위에 붉은빛이 도는 것은 바로 멜라닌 대신 이 페오멜라닌이 있기 때문이라고 한다. 빨강 머리나 금발인 사람 역시 몸속에서 멜라닌이 생겨나는 대신에 페오멜라닌 등 다른 물질이 많이 생기는 체질이기 때문에 그렇다.

그러니까 몸속에서 멜라닌이 만들어질 때 그 재료에 시스틴이 조금 섞여 들어가기만 해도 동물의 겉모습은 바뀔 수 있다. 만약 멜라닌이 아예 생기지 않도록 방해하는 물질이 끼어든다면 하얗게 보일 수도 있다. 이런 식으로 몸속에서 멜라닌 부류의 물질이 생기는 방식이 조금만 바뀐다면 겉모양도 좀 더 다채롭게 바뀔 수 있다. 어쩌면 아름다운 무늬가 생길지도 모른다.

실제로 우리나라에는 황금박쥐라는 별명으로도 부르는 붉은박쥐가 사는데, 이 박쥐는 몸통이 멋진 주황색이다. 울산과학기술원의 박종화 교수 연구 팀은 충청북도 단양의 고수동굴에서 붉은박쥐를 구해 유전자를 분석하는 연구를 하기도 했는데, 발표한 논문을 보면 붉은박쥐의 색깔에 관해 설명할 때 페오멜라닌 때문에 머리카락 색깔이 달라지는 사람의 경우를 인용했다. 한편 온두라스 흰박쥐*Ectophylla alba* 같은 박쥐는 몸이 하얀색 털로 복슬복슬하게 덮여 있고 귀와 코 같은 몇몇 부위만 노란색을 띠기도 한다. 그 모습이 햄스터나 고슴도치 같은 동물과 비슷해 보이기도 해서 사람에 따라서는 충분히 귀엽다고 생각할 만하다.

그렇다면 만일 박쥐 부류의 생물이 어두운 동굴 속에서만 사는 것이 아니라 알록달록한 꽃이 피어 있는 들판에서도 살게 되어 그에 걸맞은 여러 물질을 몸에서 만들 수 있게 된다면 몸 전체가 알록달록하고 지금의 박쥐와는 다른 느낌을 주는 동물이 나타날지도 모른다.

이 동물이 풀밭에서 살게 된다면 풀과 비슷한 모습으로 위장하기 위해 몸이 초록빛을 나타낼지도 모르겠다. 갈색목세발가락나무늘보*Bradypus variegatus*라는 동물은 털 위에 조류algae 종류의 미세한 식물을 자라나게 해서 몸을 초록색으로 만들곤 한다. 만약 박쥐

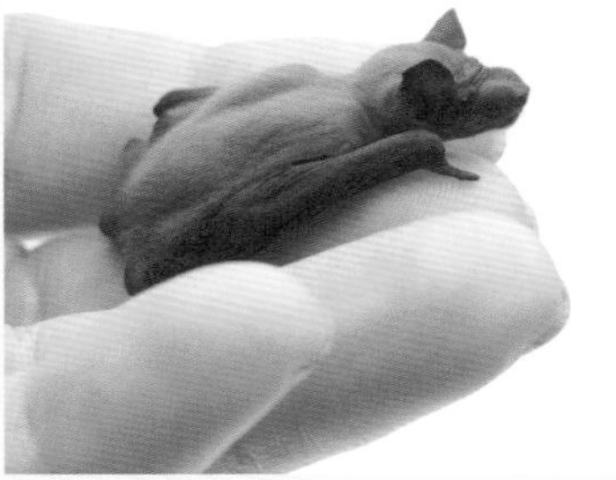

위부터 시계 방향으로 뒤영벌박쥐, 붉은박쥐, 갈색목세발가락나무늘보

비슷한 작고 아름다운 동물이 이렇게 털 위에 미세한 식물을 자라나게 해서 몸을 초록빛으로 만든다면, 나뭇잎으로 옷을 지어 입는 요정의 모습과 더 닮게 느껴질 것이다.

박쥐가 밝은 빛이 있는 곳에서 산다면 박쥐의 눈, 코, 입, 귀도 바뀔 것이고, 그러면 박쥐의 얼굴도 다람쥐나 토끼처럼 좀 더 친근한 동물의 모습에 가깝게 변할 수 있을지 모른다. 만약에 박쥐 비슷하게 날아다니는 작은 동물인데 무척 귀여운 동물이 정말로 있다면, 어떤 사람이 작심하고 더 귀여운 품종으로 개량하려고 노력해서 점점 더 귀여운 얼굴로 바뀌어 갈 수도 있지 않을까?

즉 여러 박쥐 중에 가장 귀엽게 생긴 것들만 골라서 그 박쥐들끼리 자손을 낳게 하고, 그 자손 중에서도 더 귀엽게 생긴 것들만 골라서 다시 그 자손들끼리만 자손을 낳게 하는 방식을 반복하면 언젠가는 이런 노력이 열매를 맺어 굉장히 귀여운 요정처럼 생긴 박쥐가 나타나게 될지 모른다.

실제로 우리 조상들은 바로 이런 방식으로 개와 고양이를 지금처럼 사람이 보기에 귀여운 모양과 기르기에 좋은 습성을 가진 후손들만 살아남게 하는 방식으로 개량했다. 옛날 기록을 보면 고구려 사람들은 사람을 태우고서 과일나무 가지 밑으로 지나갈 정도로 키가 아주 작으면서도 동시에 힘 좋게 산을 잘 오르는 과하마

果下馬라는 신기한 말을 타고 다녔다는 이야기가 있는데, 이 역시 옛사람들이 품종을 개량해 만들어 낸 진기한 동물일 것이다.

유럽의 전설 중에는 호문쿨루스Homunculus라고 하여, 연금술사들이 실험실에서 아주 작은 사람을 인공적으로 만들어 냈다는 이야기가 있다. 이 호문쿨루스의 모습을 일종의 요정 비슷하게 묘사하는 경우가 많다. 그렇다면 박쥐 비슷한 동물을 사람들이 가축 품종을 개량하듯 계속 더 귀엽게 만들어서 결국 요정이라고 부를 만큼 귀여운 모습으로 만든다는 발상은 실험실에서 인공 기술로 요정을 만든다는 느낌의 호문쿨루스 전설과 비슷한 면도 있어 보인다.

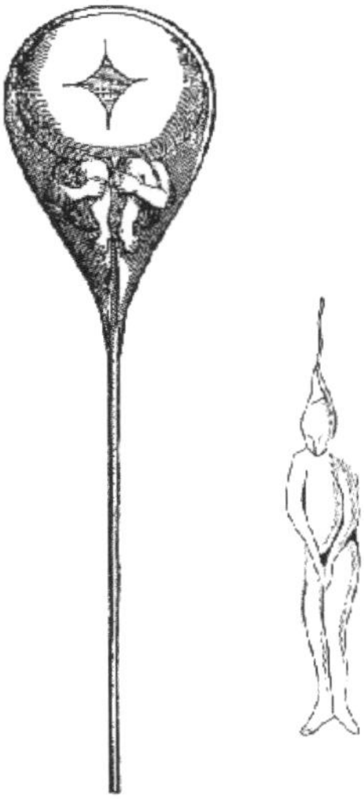

호문쿨루스

내가 요정을 보며 박쥐를 자꾸 생각하는 데에는 다른 이유도 있다. 박쥐는 굉장히 오래 살 수 있는 신비로운 힘을 갖고 있다. 사람보다 박쥐가 더 오래 산다고 확인된 기록이 있는 것은 아니다. 그렇지만 다른 동물들과 비교해 보면 박쥐가 확연히 더 오래 사는 것처럼 보인다.

보통 동물들은 크기가 작을수록 조금밖에 살지 못하고, 크기가 클수록 대체로 오래 사는 경향이 있다. 다람쥐보다는 코끼리가 오래 살고, 송사리보다는 상어가 오래 산다. 다람쥐는 보통 몇 년 정도를 살 수 있을 뿐이지만 코끼리는 50~70년을 살기도 하고, 송사리 역시 고작 몇 년을 살 뿐이지만 그린란드상어는 수백 살까지 사는 경우도 있다.

이런 경향이 나타나는 데는 여러 가지 이유를 들 수 있다. 하지만 간단한 한 가지 측면만 이야기해 보자면 덩치가 작을수록 모든 화학반응이 빨리 일어나고 덩치가 클수록 모든 화학반응이 느리게 일어난다는 점을 꼽아 볼 수 있다. 굵은소금보다는 가는소금이 물에 빨리 녹고, 커다란 얼음덩어리보다는 잘게 자른 얼음 조각이 빨리 녹듯 큰 동물보다는 작은 동물에게 화학반응이 빨리 일어난다. 바꾸어 말하면 작은 동물보다는 큰 동물에게 화학반응이 천천히 일어날 수 있다는 것이다. 따라서 큰 동물은 몸의 변화도 천천히 오랜 기간에 걸쳐 일어날 것이고, 그러므로 오래 산다는 뜻이다. 보기에 따라서는 이 역시 일종의 넓이 대 부피비 문제라고 볼 수도 있다.

그런데 괴상하게도 박쥐는 같은 크기의 다른 동물보다 훨씬 오래 산다. 박쥐와 크기가 비슷한 커다란 나방의 경우 고작 한 해를 살까 말까 하는 정도인 경우도 많고, 비슷한 무게의 다른 작은 포유동물도 고작 2, 3년을 사는 것들이 대부분이다. 그런데 박쥐는 몇십 년을 사는 모습이 여러 차례 발견된 적이 있다. 40년 넘게 산 박쥐가 발견되었다는 뉴스를 본 기억도 난다. 같은 덩치의 비슷한 동물보다 박쥐가 스무 배 넘게 오래 사는 셈이다. 사람으로 비유해보자면 동굴 속에서만 사는 날개가 달린 이상한 할머니가 있는데, 이 할머니는 보통 사람의 스무 배, 그러니까 수명이 1000년, 2000년쯤 된다는 이야기가 된다.

그 이유로 학자들이 주목하고 있는 것은 박쥐의 DNA 끄트머리 부분이다. DNA는 세포 속에 들어 있는 물질로 극히 가느다랗지만 길이는 아주 기나긴 물질이다. 사람 몸속에 있는 DNA의 경우 그 굵기를 잰다면 지름이 약 2나노미터, 즉 0.000002밀리미터 정도밖에 되지 않지만 꼬인 나선을 모두 풀어 헤쳐 길게 늘어놓는다면 사람 키보다도 큰 3미터 정도 길이가 된다. 이런 기다란 물질이 이리저리 쪼개지고 복잡하게 얽혀서 사람 세포 하나하나에 전부 그만큼씩의 DNA가 들어 있다. 사람 몸은 수백조 개의 세포가 서로 연결되어 있는 것인데, 그 많은 세포 하나하나마다 3미터 길이의 DNA가 들어 있으니 한 사람의 몸에서 DNA를 다 뽑아다가 모두 연결하면 그 극히 일부만으로도 지구 전체를 몇 번이나 휘감을 수 있다.

DNA가 이렇게 끝도 없이 길게 생긴 이유는 그 속에 사람 몸 전체의 모든 모습과 구조에 관한 내용이 다 기록되어 있기 때문이다. 그러니까 사람 몸은 수백조 개의 세포로 이루어져 있는데 세포 하나하나마다 사람 몸 전체에 관한 설계도가 기록된 DNA가 들어 있다는 말이다. 당연히 세포가 새로 생기거나 자라날 때 이 DNA를 새로 만들어 내는 것이 매우 중대한 일이다. 삶을 살다가 몸에 닳거나 망가진 부분이 생기면 새 세포를 만들어 교체해야 하는데, 이럴 때도 새로 DNA가 만들어지는 과정이 매우 중요하다.

새로 세포를 만들어 내려면 일단 옆에 있는 세포에서 DNA를 복제해 와야 한다. 그런데 복제를 여러 번 하다 보면 DNA의 끄트머리 부분이 닳으면서 조금씩 망가지는 일이 발생한다. 때문에 그 부분이 닳는 것을 막기 위해 DNA의 끄트머리에는 보호 뚜껑이 마치 바느질할 때 골무의 역할을 하듯 붙어 있다. 바로 이 골무 부분을 텔로미어telomere라고 한다. 사람, 토끼, 소, 말, 박쥐 등의 텔로미어를 살펴보면 티민이라는 물질 2개, 아데닌이라는 물질 1개,

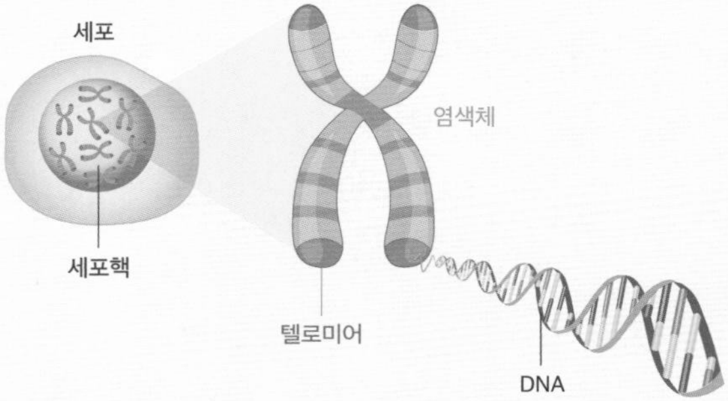

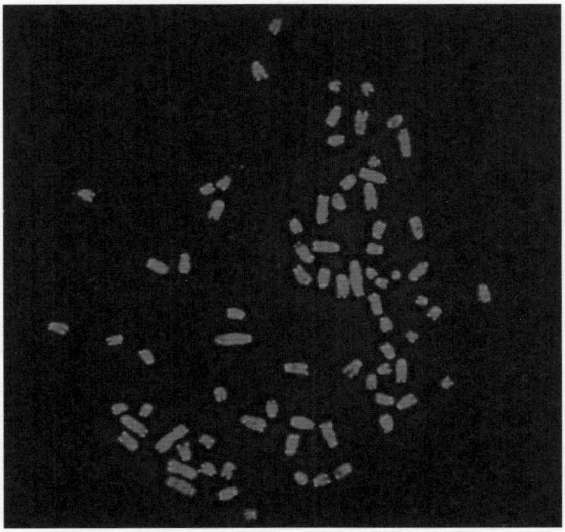

텔로미어의 구조
개 염색체의 텔로미어

구아닌이라는 물질 3개가 늘어서서 달라붙은 모양이 반복되며 줄줄이 연결된 구조로 되어 있다.

낡은 세포를 교체하기 위해 새 세포를 만드느라 DNA를 여러 차례 복사하는 일을 반복하다 보면 결국 텔로미어도 다 닳아 없어진다. 이렇게 되면 DNA가 망가져서 더 이상 DNA를 제대로 복사할 수 없다. 즉 텔로미어가 닳아 버리면 예전처럼 세포를 정확히 만들 수 없다. 적지 않은 학자들은 바로 여기에 사람이 늙으면 젊을 때만큼 활발히 살 수 없게 되는 핵심 원인이 있지 않을까 추정하고 있다. 즉 사람이 사는 동안 세포 속의 텔로미어가 점점 닳게 되는데 완전히 다 닳아 없어지면 더 이상 세포의 복사가 잘 이루어지지 못해서 그 세포가 있는 부위는 늙게 된다는 이야기다.

그런데 박쥐에게는 이상하게도 텔로미어가 닳는 현상이 없다. 박쥐의 몸속에서 텔로미어가 닳아 없어질 때마다 다시 텔로미어를 만들어 주는 작용이 활발히 잘 일어나고 있는 것으로 보인다. 그래서 몇몇 학자들은 아마도 이런 이유로 박쥐가 늙지 않고 오래 사는 것이 아닌가 짐작해 보기도 한다. 좀 더 희망찬 꿈을 꾸는 학자들은 박쥐에 관해 잘 연구해 보면 사람도 늙지 않고 항상 젊게 사는 비법을 알아낼 수 있을 거라고 추측한다. 상상해 보자면 박쥐의 몸속에서 발견한 성분을 약으로 만들어 사람이 먹으면 젊음을

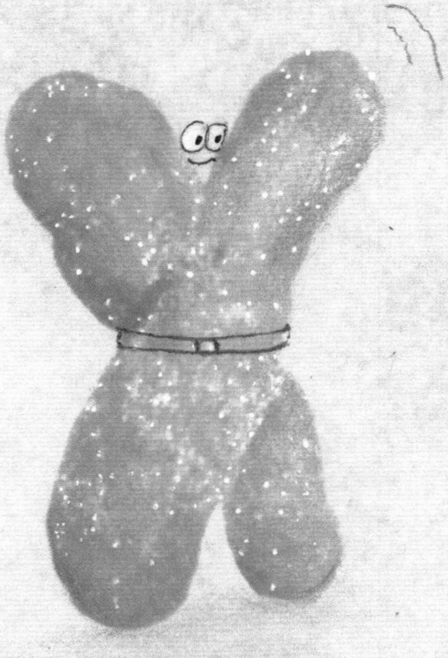

유지할 수 있을지도 모른다.

나는 박쥐만큼 연구하기에 신기한 동물도 별로 없다고 생각한다. 모습이 멋지지 않아서 관심을 좀 덜 받은 듯하지만, 박쥐는 포유동물인데 조류처럼 자유롭게 날 수 있고, 초음파를 자유롭게 이용할 수 있고, 어둠 속에서 살아갈 수 있으며, 게다가 불로장생의 비밀까지 품고 있다. 박쥐 몸속의 물질들을 연구하다 보면 새롭게 얻을 수 있는 멋진 지식이 분명히 있을 거라고 생각한다.

좀 더 차분하게 따져 보면 동물이 늙는 현상의 원인이 모두 텔로미어에만 달린 것도 아니다. 학자들은 텔로미어 외에도 늙는 현상에 대해 여러 가지 다양한 원인과 문제들을 찾아냈다. 때문에 영원한 젊음을 주는 약을 개발하기란 너무나 어렵고 아직까지도 대단한 약이 나오지도 못했다.

그렇지만 이야기를 꾸며 보는 입장에서는 박쥐가 영원한 젊음을 갖고 오래 살 수 있으니, 박쥐와 비슷한 어느 귀엽게 생긴 동물 역시 영원히 젊게 오래오래 살 수 있을 거라는 상상은 확실히 재미있게 들린다. 몇백 살씩 사는 요정 이야기와 아주 비슷한 느낌이다. 사람이 영원히 살 수 있는 젊음의 약을 구하기 위해 요정을 찾아다니고, 그 요정을 붙잡아 몸속에서 약 성분을 뽑으려고 한다는 이야기로 꾸미기도 좋다.

아마도 박쥐와 닮은 이 요정처럼 날아다니는 동물은 뇌의 크기도 작을 테니, 사람처럼 말을 하지도 못하고 지능도 뛰어나지 않다고 보는 편이 더 그럴듯할 것이다. 다람쥐는 도토리를 구해서 땅에 묻어 놓고는 그때 하늘에 흘러가던 구름 모양만 바뀌어도 어디에 묻어 놓았는지 기억해 낼 수 없어서 안타까워한다는 이야기가 있는데, 박쥐와 비슷한 요정도 그렇지 않을까 생각한다. 그런 동물이 사람은 듣지 못하는 초음파로 노래를 부를 수 있고 어둠 속에서도 볼 수 있는 재주를 갖고 있다면, 그래서 시간마저 잊고 밤의 별빛 속을 날아다니며 수천 년을 살아간다면, 그 역시 신비롭게 들린다.

도깨비 #외계생명체 #양성자 #핵융합 #초신성

유령 #중력 #시간과공간 #허무 #우주를떠도는먼지

미라 #부활 #열역학 #부패 #냉동인간 #영원한겨울잠

3부

괴물 물리학

[도깨비]

도깨비가 방망이를 휘둘렀다.
"금 나와라, 뚝딱!"
그러자 어마어마하게 밝은 빛과 뜨거운 연기가 휘몰아치더니 100그램 정도의 금이 나타났다.
도깨비는 금을 보고 있는 대학원생에게 말했다.
"네가 학교에서 실험하고 연구하느라 고생하는 것 같아서, 너를 도와주려고 이렇게 금을 만들었다."
도깨비는 대학원생이 기뻐할 것이라 짐작하고 의기양양했다.
그런데 대학원생은 이렇게 중얼거렸다.
"특수상대성이론의 계산식 $E=mc^2$으로 계산해 보면 허공에서 100그램의 질량을 만들어 내는 데 필요한 에너지는 2조 1500억 킬로칼로리 정도니까 굉장한 에너지를 소모해 버렸다는 뜻 아닌가? 사람이 하루 종일 음식을 먹고 2500킬로칼로리만큼 에너지를 낸다는 점을 감안하면, 너는 지금 금 100그램을 만들려고 한 사람이 240만 년 동안 먹을 음식만큼의 막대한 에너지를 소모한 거야. 이렇게나 실용성이 떨어지는 실험으로 과연 논문을 쓸 수 있을까? 이런 내용을 과제 보고서에 쓸 수 있을까?"

괴물 중에서도 가장 친숙한 괴물을 꼽으라고 하면 역시 도깨비다. 도깨비에 대한 갖가지 동화, 소설, 애니메이션이 수도 없이 나와 있는가 하면, 인형, 상표, 마스코트 등등에도 광범위하게 쓰이고 있다. 가끔은 전통문화의 상징처럼 활용되기도 할 정도다. 이 정도로 다양하게 활용되고 있는 괴물은 아주 드물다. 하다못해 도깨비가 주인공인 동요도 벌써 몇십 년째 널리 불리고 있다. 다른 괴물들인 거인, 흰여우, 용을 주인공으로 하는 동요가 거의 없는 것과는 대조를 이룬다.

도깨비의 재주나 특이한 습성을 생각해 볼 때 가장 쉽게 떠오르는 것은 도깨비방망이다. 동요 〈도깨비 나라〉에도 "이상하고 아름다운 도깨비 나라" 뒤에 "금 나와라 와라 뚝딱! 은 나와라 와라 뚝딱!" 하는 유명한 가사가 이어진다. 그러니까 도깨비들은 신기한 요술을 부리는 방망이를 갖고 있는데, 이 방망이를 두드리면서 무엇인가 나오라고 외치면 그 물건이 저절로 나타난다는 이야기다.

이런 전설을 연구하는 학자들은 천 몇백 년 전 중국 당나라 사람들이 『유양잡조』라는 책에 기록한 신라의 전설 중에 '방이旁㐌'라는 사람에 관한 내용이 요즘 우리가 아는 도깨비방망이 이야기의 옛 형태 아닐까 짐작하기도 한다. 『유양잡조』에는 어느 밤중에 나타난 붉은 옷을 입은 정체불명의 아이들이 금방망이를 꺼내 들고 바위를 두드리며 "술이 필요해.", "음식이 필요해."라고 말했더니 술과 음식이 홀연히 나타났다는 내용이 적혀 있다.

도대체 옛날 사람들은 무엇을 보고 도깨비라고 착각한 것일까? 혹시 사람보다 덩치가 훨씬 큰 외계인이 우주선을 타고 지구에 나타난 것을 보고 도깨비라고 부른 것은 아닐까? 뿔이 달린 모습이라는 것도 어쩌면 소처럼 머리에 뿔이 불쑥 솟아난 것이 아니라 안테나가 달린 우주복 헬멧을 쓴 모양을 보고 착각한 것인지도 모른다. 도깨비 전설 중에는 도깨비의 다리가 하나뿐인데도 잘 돌아다녔다는 이야기가 있는데, 전동 스쿠터 같은 것을 외계인들이 타고 다니는 모습을 보고 다리가 하나인데도 잘 걸어 다닌다고 생각한 것일지도 모르겠다.

그런데 이런 생각은 다름 아닌 도깨비방망이에서 한계에 부딪힌다. 뿔은 안테나이고 하나뿐인 다리는 전동 스쿠터라고 그럭저럭 상상해 볼 수 있지만, 도깨비방망이가 무엇인지 상상해 보는 일은 쉽지 않기 때문이다.

과학기술이 아주아주 발전한 외계인이라면 뭐든 할 수 있을 테니, 도깨비방망이도 뭔가 복잡한 기술로 만들어 낸 전자 장비 같은 것이라고 일단 추측해 볼 수는 있다. 예를 들어 도깨비방망이를 음성인식 기능이 있는 마이크 같은 거라고 생각해 보자. 마이크에다 대고 "금 나와라!" 또는 "은 나와라!"라고 말하면 그 음성을 컴퓨터가 인식하고 그에 따라 복잡하고 신기한 장치가 작동한다는 생각까지는 어렵지 않다. 실제로 우리가 현대에 사용하는 마이크는 방망이 모양으로 생기기도 했다. 공교롭게도 우리는 가끔 마이크가 제대로 켜졌는지 안 켜졌는지 확인하기 위해 마이크를 툭툭 치면서 소리를 들어 볼 때가 있다. 그러니 외계인들이 만약 그와 비슷한 행동을 하는 장면을 먼 옛날 사람들이 봤다면 '방망이를 두드리면서 "금 나와라, 뚝딱!"이라고 말하는구나.' 하고 생각했을지도 모른다.

제품 사양
엑스선. 감마선 방출
질소. 산소 광속블렌딩
온도. 압력 증폭 기술
충격 완화 그립감.
220V

그러나 그렇게 했더니 아무것도 없는 데서 갑자기 금이나 은이 나타난다는 바로 그 대목에서 문제가 생긴다. 이런 일은 아무리 과학이 발전한 외계 문명이라 해도 쉽게 해낼 수 있는 것이 아니기 때문이다.

19세기 무렵까지만 해도, 많은 학자들은 그런 일이 아예 절대로 불가능하다고 생각했다. 아무것도 없는 곳에서 갑자기 무슨 물질이 생길 수는 없다고 봤다는 이야기다. 이것을 '질량보존의 법칙'이라는 이름으로 부르기도 했다. 물질은 그 형태는 바뀔 수 있겠지만 그 질량은 변하지 않아서 어느 날 갑자기 더 생기지도 않고 어느 날 갑자기 없어지지도 않는다고 생각했다.

예를 들어 하늘에서 비가 온다면 갑자기 물방울이 하늘에서 나타나 떨어지는 것 같지만 사실 따져 보면 그것은 공중에 떠다니는 작은 물 알갱이들이 뭉친 것이고, 그런 알갱이들은 수증기들이 뭉쳐서 생긴 것이다. 눈에 보이지는 않지만 공기 중에 퍼져 있던 수증기들이 뭉쳐서 빗방울이 된 것일 뿐, 없던 빗방울이 갑자기 나타난 것은 아니라는 얘기다.

마찬가지로 도깨비방망이를 두드려 금이나 은이 생기는 것도 사실은 아무것도 없는 곳에서 갑자기 금이나 은이 생길 수는 없다는 뜻이다. 난데없이 금이나 은이 생기는 것이 아니라 사실은 눈에 보이지 않아도 무엇인가가 모여서 금이나 은으로 바뀌어야 한다. 즉, 도깨비방망이로 만든 금덩어리의 양만큼 다른 물질을 재료로 소모해서 금을 만들어야 한다는 뜻이다. 허공에서 금이 생겨났다면 하다못해 공기가 그만큼의 금으로 변해야 한다. 공기를 같은 양의 금으로 바꿀 수 있을까? 역시 대단히 어려운 이야기다. 하지만 찬찬히 따져 보면 아주 불가능한 이야기만은 아니다.

공기의 70퍼센트 정도는 질소 기체로 되어 있다. 질소 기체는 질소 분자라는 아주 작은 알갱이가 빠른 속도로 떠다니

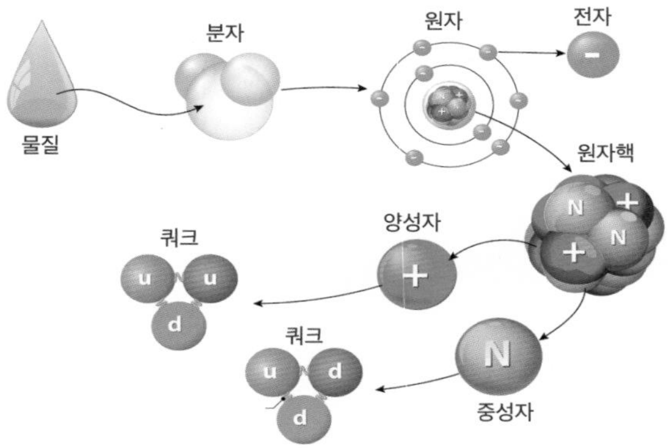

분자에서 쿼크까지 물질의 구조

는 것이다. 질소 분자 하나하나는 너무나도 작아서 몇천 배, 몇만 배로 확대해도 눈에 보이지조차 않는 크기다. 이런 질소 분자들 수백만, 수천만 개가 이리저리 붕붕 날아다니고 있는 것이 질소 기체다. 조금 더 정확히 숫자를 말해 보면, 1그램의 질소 기체란 이렇게 이리저리 날아다니는 질소 분자 알갱이들 21500000000000000000000개(0이 20개)를 가리키는 것이다.

질소 분자는 분자보다 더 작은 알갱이인 질소 원자 2개가 쌍으로 붙어 있다. 그리고 질소 원자는 그보다 더 작은 알갱이인 양성자 7개가 뭉친 덩어리에 중성자나 전자 같은 다른 잡다한 작은 알갱이도 같이 들러붙어 있는 모양이다.

질소 원자에서 가장 눈에 뜨이는 부분은 양성자 7개가 뭉쳐 있는 원자핵이라고 부르는 가운데 부분이다. 원자핵에는 중성자도 같이 붙어 있지만, 보통 우리는 양성자를 더 중요하게 따진다. 왜냐면 양성자가 7개 뭉쳐 있으면 질소 원자이지만 양성자가 하나 더 많거나 하나만 더 모자라도 더 이상 질소 원자가 아니기 때문이다. 만약 양성자가 하나 더 붙어 있어서 양성자가 8개 뭉친 덩어리라면 그것은 질소 원자가 아니라 산소 원자가 된다. 만약 양성자가 하나 덜 붙어 있어서 양성자 6개가 뭉친 덩어리라면 그것은 질소 원자가 아니라 탄소 원자가 된다.

탄소 원자 덩어리는 숯 덩어리 같아 보이고, 산소 원자는 2개씩 짝을 지어 산소 기체가 되어 물체를 불타게 하고 사람이 숨을 쉴 수 있게 해 준다. 그에 비해 질소 기체는 과자 포장 속에 주로 들어간다. 질소 기체는 숯 덩어리 같지도 않고, 산소처럼 숨을 쉬는 데 쓸 수 있는 것도 아니다. 이렇게 보면 산소, 탄소와 질소는 아주 다른 물질 같다.

그렇지만 그 차이는 어찌 보면 그리 대단한 것이 아니다. 그 핵에 있는 양성자의 개수가 8개냐, 6개냐, 7개냐의 차이일 뿐이다. 만약 질소 기체에서 그 질소 원자마다 양성자 하나씩만 누가 뜯어낼 수 있다면 과자 봉지 속의 질소 기체가 곧 숯 덩어리로 바뀔 것이다.

나는 간단한 차이 때문에 물질의 성질이 이렇게까지나 확연히 달라진다는 점이 지금도 너무 신기하다. 몸무게가 60킬로그램인 사람이 정우성처럼 생겼는데, 밥을 좀 더 먹어서 몸무게가 61킬로그램이 되는 순간 갑자기 안토니오 반데라스로 바뀌고, 밥을 좀 덜 먹어서 몸무게가 59킬로그램이 되면 그 사람이 다시 한고은으로 바뀐다는 느낌이다.

다시 허공 속의 공기에서 금을 만들어 내는 문제로 돌아가 보자. 만약 어떻게든 양성자 79개를 뭉친 덩어리를 만들어 낼 수만 있다면 이것이 바로 금 원자가 된다. 금덩어리란 아주아주 크게 확대해 보면 양성자 79개가 뭉친 원자가 아주 많은 숫자로 서로 늘어서 붙어 있는 것일 뿐이다. 질소는 원자 하나마다 양성자가 7개 있고 산소는 원자 하나마다 양성자가 8개 있으니까 질소 원자 9개와 산소 원자 2개를 뭉쳐서 한 덩어리로 합칠 수 있다면 양성자는 도합 79개가 된다. 즉 질소 원자 9개와 산소 원자 2개를 어떻게든 하나의 원자가 되도록 붙일 수만 있다면 바로 금이 된다. 지구 공기 중에 질소 다음으로 풍부한 것이 산소이므로, 만약 정말로 이런 일을 해낼 수만 있다면 공기를 금으로 바꾸는 것도 불가능하지만은 않다.

이런 일은 얼마나 도전해 볼 만할까? 나름대로 가능성은 엿보인다. 예를 들어 낮에 하늘 가운데 빛나는 태양에서는 양성자가 하나인 수소 원자 2개가 뭉쳐서 양성자 2개짜리 덩어리로 변하는 일이 언제나 계속 벌어지고 있다.

양성자 2개가 뭉친 덩어리는 헬륨 원자다. 헬륨 원자가 혼자서 이리저리 날아다니고 있는 것이 헬륨 기체다. 공중으로 떠오르는 풍선 속에 집어넣는 그 물질이다. 태양에서는 수소가 뭉쳐서 헬륨으로 바뀌는 일이 이렇게 계속해서 끊임없이 일어난다. 이것을 원자의 핵이 합쳐지는 과정이라고 해서 핵융합이라고 부르는데, 수소가 헬륨으로 변하는 핵융합은 강한 빛과 열을 같이 뿜어낸다. 그 빛과 열이 태양이 빛나고 열을 내뿜는 이유다. 즉 수소 원자가 뭉쳐서 헬륨 원자로 변하는 일이 수십억 년 전부터 조금도 멈춤 없이 계속 어마어마하게 많은 양으로 꾸준히 벌어지고 있기 때문에 하늘의 태양은 계속 빛을 낸다.

그렇지만 도깨비방망이로 금을 만들어 내는 수준에 도전하려면 이 정도로는 부족하다. 태양에서는 고작 양성자 둘을 뭉쳐 한 뭉치로 만드는 정도의 일밖에 일어나지 않는다. 금을 만들어 내려면 양성자 79개를 한데 뭉쳐야 한다. 지금 태양에서는 이런 일이 생기지 않는다.

태양에서 양성자 둘이 하나로 뭉치는 일이 그나마 가능한 것은 아주 뜨거운 온도와 강한 압력이 있기 때문이다. 그저 재료가 되는 물질만 많다고 해서는 양성자끼리 저절로 뭉쳐 들러붙는 일은 벌어지지 않는다. 사실 태양에서 일어나는 핵융합의 원료 물질인 수소 원자는 지구에도 충분하다. 하다못해 우리 몸속에도 수소 원자는 많다. 당장 물만 해도 산소 원자 하나에 수소 원자가 둘씩 붙어 있는 덩어리다. 본래 수소 원자는 우주 어디를 가든 흔한 것이다. 그런데도 수소가 헬륨으로 변하는 일이 아무 데서나 일어나지 않는 것은 그런 일을 벌어지게 할 만한 온도와 압력이 흔하지 않기 때문이다.

대전 유성구 국가핵융합연구소에 건설된 KSTAR라는 실험 장비는 어마어마한 온도를 만들어 지상에서도 양성자 2개를 뭉치도

KSTAR
축구장 4분의 1 크기의 초전도 핵융합 연구 장치

록 해내는 기계다. KSTAR는 커다란 빌딩 하나만 한 크기인데, 이런 장비로 해낼 수 있는 일도 양성자 둘을 붙이는 정도다. 그나마 손쉽게 오랫동안 해낼 수 있는 것이 아니라서, 많은 사람이 이 기계에 붙어서 여러 가지 개량 방법을 오늘도 연구하고 있다. 이래서야 "금 나와라, 뚝딱!" 하고 양성자 79개를 한데 붙이는 일은 쉽지 않을 것만 같다.

지금 학자들이 알고 있는 양성자 79개를 뭉치는 방법은 초신성이 되는 별 속에 있다. 초신성은 거대한 별이 폭발할 때 굉장히 밝은 빛을 뿜으며 빛나는 현상이다. 이런 정도의 어마어마한 일이 벌어지는 커다란 별 속에서는 양성자 여러 개가 한꺼번에 들러붙는 반응도 일어날 수 있다고 추정하고 있다. 지금도 가끔씩 우주 이곳저곳에서는 이런 굉장한 폭발이 일어나는데, 그런 일이 생기고 나면 양성자 덩어리가 뭉쳐서 금도 생기고 은도 생기는 일이 벌어진다.

그러니까 만약 도깨비방망이가 공기를 금이나 은으로 바꿀 수 있는 장치라고 한다면, 도깨비방망이 속에는 거대한 별 속에서나 일어날 수 있는 어마어마한 일을 해내는 장치가 들어 있다는 뜻이다. 상상도 할 수 없는 높은 온도와 압력을 낼 수 있는 장치일지도 모른다. 만약 실제로 그렇게 공기 속의 질소와 산소를 뭉쳐서 금이나 은을 만들어 낸다면, 공기 속의 질소와 산소가 금덩어리로 쪼그라드는 순간 굉장한 바람이 불 것이다. 게다가 원자핵이 합쳐지는 반응인 만큼, 그 과정에서 마치 폭탄처럼 열과 빛이 뿜어져 나올지도 모른다. 금을 많이 만들어 낼수록 그 세기도 강할 것이다. 엑스선이나 감마선 같은 방사선이 나올 수도 있다. 그런 원리라면 방사선 감지 장치로 누군가 도깨비방망이를 사용하고 있다는 것을 멀리서 알아낼 수도 있지 않을까?

학자들은 애초에 지구에 다양한 물질이 있는 원인도 다름 아닌 초신성 때문이라고 추측하고 있다. 백 수십억 년 전 우주가 처음 생기고 얼마 지나지 않았을 때는 우주에 양성자 하나짜리 알갱이인 수소 원자와 양성자 둘짜리 알갱이인 헬륨 원자밖에 없었다. 그랬는데 그 뒤에 그것들이 모여서 별이 생기고, 그 별이 커지고, 큰 별 중에 무시무시하게 강한 힘을 뿜어내는 초신성도 생기면서 양성자들이 훨씬 더 커다랗게 뭉치는 일이 일어나 구리도 생겨나고, 납도 생겨나고, 금과 은도 생겨났다고 보고 있다.

이런 이야기대로라면 아주 먼 옛날 우주 저편에서 폭발한 거대한 별의 부스러기들이 이리저리 흘러 다니다가 쌓인 것이 바로 우리가 사는 행성인 지구이다. 그런 거대한 별에서 나온 갖가지 다양한 물질이 한데 쌓였기 때문에 지구에는 다채로운 풍경이 펼쳐지게 되었다. 또 그런 다양한 물질들이 있는 세계였기 때문에 여러 식물과 동물과 사람 들이 득실거리는 복잡한 세상으로 변할 수가 있었다. 그러므로 초신성 덕택에 생물과 사람이 생겨났다고 말할 수도 있다.

물론 만약 도깨비 이야기를 너무나 좋아하는 사람이라면, 머나먼 옛날 초신성 때문에 우리들이 생겨났다는 이야기 대신에 우주에 도깨비와 도깨비방망이가 있어 그 방망이를 두드려 그 모든 다채로운 물질들이 탄생한 것이라고 상상해 볼 수도 있을 것이다.

…time…

[유령]

13일의 금요일 밤이 되면 물속에서 튀어나와 배를 타고 있는 사람을 습격한다는 무서운 유령이 있었다. 아니나 다를까, 오늘 13일의 금요일 밤에도 나타났다. 그런데 유령이 사람을 공격하려고 하자, 그 사람이 말했다.

"잠깐만! 어제부터 새로 맺은 평화조약에 따라 이 호수와 근처 섬 하나를 옆 나라 땅으로 넘기기로 했단 말이야. 그런데 그 나라는 우리보다 한 시간 더 느린 시간대를 쓰고 있어서 한 시간 시차가 난다고. 오늘부터는 이 지역도 그 나라 시간에 따라야 해. 그래서 지금 밤 11시밖에 안 되었어. 아직 12시가 안 지났으니 지금은 13일이 아니고 12일이야. 그러니까 너는 한 시간쯤 지나서 다시 나타나야 하는 거 아니야?"

유령에게도 몸무게가 있을까? 유령의 몸무게에 대해 의심해 보는 것은 상당히 의미 있는 일이다.

언뜻 보기에 유령은 몸무게가 전혀 없는 것 같다. 이야기 속에서 유령은 공중에 붕 떠서 갑자기 나타나는 일이 많고 하늘을 날아다니는 것처럼 움직이는 경우도 흔하다. 한때 많이 돌던 이야기 중에는 유령은 발이 없다는 말도 있었다. 발이 없으면서도 몸을 지탱하고 있으려면 무게 없이 떠 있어야 할 듯하다. 유령이 갑자기 나타났다가 갑자기 사라지는 모양이라든가, 사람과 부딪쳤을 때 걸리는 것 없이 스윽 통과하는 모양도 어쩐지 무게가 없을 것 같은 느낌이다. 그렇다면 유령은 몸무게가 없다고 결론을 내려 보자. 무게가 없는 정신적이고 어떤 에너지스러운 무엇인가가 유령이라고 설명하는 말은 슬쩍 그럴싸하게 들리기도 한다.

그런데 이렇게 유령에게 몸무게가 없다고 멋지게 결론을 내려 버리면 좀 복잡한 문제가 생긴다. 500년 전에 한을 품고 죽은 어느 병사의 유령이 나타나는 지하철역이 있다고 상상해 보자. 서울 시내에는 예전부터 크고 작은 전투가 벌어졌던 지역이 곳곳에 있다. 예를 들어 1624년에는 이괄이라는 조선시대의 장군이 반란을 일으켜 제법 큰 전투가 서울에서 벌어진 일도 있었다. 갑옷을 입고 옛날 방식 총이나 활을 든 조선시대 병사가 유령같이 나타난다고 해도 서울은 어울리는 도시다. 깊은 밤, 사람이 거의 다니지 않는 지하철역의 어느 외딴 출입구에 나타나는 병사의 유령. 그는 전투에서 패배했던 날 밤 12시가 되면 출입구 안쪽 으슥한 곳에 나타나 슬픈 얼굴로 이쪽을 쳐다본다는, 그런 전설을 떠올리면 딱 적당하겠다.

그렇게 사람이 지나가다가 유령을 보고 놀라서 겁을 먹은 순간, 유령이 달리 아무 일도 하지 않고 가만히 있기만 하더라도 일단 한 가지 큰 문제가 생긴다. 다름이 아니라 유령이 거기에 그저 가만히 있을 수 있다는 그 자체부터가 쉽지 않은 일이기 때문이다.

사람이라면 가만히 서 있는 데 별문제는 없다. 그렇지만 유령이 가만히 있는 것은 쉬운 일이 아니다. 왜냐면 사람이 디디고 있는

땅, 즉 지구는 언제나 돌고 있기 때문이다. 땅은 그냥 가만히 있는 것 같지만, 사실 지구가 돌기 때문에 계속 움직이고 있다. 서울 부근에서 지구가 돌아가는 속도는 시속 1300킬로미터 정도다. 사람은 이렇게 빨리 돌아가는 지구에 붙어서 지구가 도는 속도와 같은 속도로 움직이고 있다. 그렇게 지구에 붙어서 지구에 이끌리면서 지구가 도는 속도와 같은 속도로 똑같이 돌고 있기 때문에 사람은 지구 위에 가만히 서 있는 느낌이 자연스럽다.

그런데 사람이 지구에 이끌려서 이렇게 붙어 있을 수 있는 이유는 바로 중력이라는 힘으로 지구와 사람이 서로 끌어당기고 있기 때문이다. 그 당기는 힘의 정도는 바로 사람의 무게만큼이다. 사실 무게가 있다는 말 자체가 바로 중력을 받는다는 이야기다.

무거운 바위는 꼼짝도 하지 않고 땅에 붙어 있지만 가벼운 종이 봉투는 바람을 받기만 하면 훨훨 날아갈 수 있는 것도 무게의 차이 때문이다. 바위는 무게가 무겁고 종이봉투는 무게가 가볍다. 바위는 강한 중력으로 지구가 끌어당기고 있고 종이봉투는 약한 힘으로 지구가 끌어당기고 있다. 그래서 바위는 잘 안 날아가고 종이봉투는 잘 날아간다. 무게가 거의 없어 보이는 공기 중의 산소나 질소조차도 무게가 작기는 작지만 있기는 있다. 그렇기 때문에 공기가 지구 바깥 우주 공간으로 아무렇게나 흩어지지 않고 지구에 달라붙어 있게 된다. 화성이나 금성같이 어느 정도 크기가 큰 행성들에 지구의 공기에 해당하는 대기가 있는 것도 바로 그 행성들의 중력이 여러 기체를 끌어당기고 있기 때문이다.

만약 무엇인가에 무게가 전혀 없다면 지구에 붙어 있을 수가 없다. 예를 들어 빛은 보통 무게가 없는 것으로 본다. 하늘을 향해 손전등 불빛을 비추면 불빛이 땅으로 도로 떨어지는 일 없이 멀리멀리 계속해서 퍼져 나간다. 통신이나 방송에 사용하는 전파도 마찬가지다. 상대성이론을 특별하게 적용해서 전파에 무게와 비슷한 효과가 약간은 생길 거라고 계산해 볼 수도 있기야 하겠지만 사람이나 바위, 또는 종이봉투나 공기가 무게 때문에 지구로부터 끌어당기는 힘을 받는 것에 비하면 그 정도는 거의 없다고 해도 좋을 정도로 아주 약하다.

실제로 지구에서 퍼뜨린 방송 전파 신호들은 무게 때문에 땅으로 떨어지는 일 없이 그냥 퍼져 나간다. 걸리적거리는 것이 없다면 이런 신호들은 지구 바깥으로 아무렇게나 뻗어 나갈 수도 있다. 때문에 감도 좋은 안테나만 있다면 외계 행성에서 지구에서 오는 방송을 잡는 것도 생각해 볼 수 있다. 지구에서 가장 가까운 별은 3광년에서 4광년 정도 떨어져 있으니, 만약 그곳에 외계인이 산다면 지구에서 방송한 텔레비전 프로그램을 3년에서 4년 뒤쯤에 볼 수 있다. 이런 일은 전파에 무게가 없기 때문에 가능하다.

이제 사람들 앞에 으스스한 얼굴로 나타나야 하는 유령 병사 입장을 따져 보자. 만약 자기 자신의 무게가 전혀 없다면 사람 앞에 보기 좋게 가만히 있는 것이 너무 어려워진다. 아무것도 땅에 자신을 붙들어 주는 것이 없지만 지구는 계속 돌고 있다. 지구가 스스로 돌아가는 속도는 시속 1300킬로미터이다. 즉 지구에 가만히 있는 것처럼 보이려면 지구를 따라서 유령도 시속 1300킬로미터로 같이 움직여 주어야 한다. 시속 100킬로미터로 달리는 자동차보다 열 배 넘게 빠른 속도다.

게다가 지구는 자전만 하는 것이 아니다. 지구는 스스로 뱅글뱅글 돌면서 동시에 태양 주위를 1년에 한 바퀴 도는 움직임도 한다. 이 움직임이 공전이다. 지구가 공전하는 속도는 더욱더 빨라서 시속 10만 7000킬로미터 정도다. 우리는 지구에 붙어 있으므로 잘 느끼지 못하지만 사실 지구 위의 산과 들, 강과 바다, 지상과 물속의 모든 동물, 식물 들은 이렇게 지구에 올라탄 채 우주 공간을 시속 10만 7000킬로미터의 엄청난 속도로 돌아다니고 있다. 그렇게 빠르게 움직이는데도 그 모든 것이 우주 곳곳으로 흩어지지 않는 이유 역시 바로 모든 것에 무게가 있어서 지구가 중력으로 끌어당기기 때문이다. 반대로 말하면 무게가 없는 유령은 우주 공간 속에

태양계 행성들, © 유럽우주국

서 지구가 태양을 돌고 있는 속도에 맞추어 시속 10만 7000킬로미터로 지구를 따라다녀야만 한다.

유령에게는 불행한 일이지만 땅이 움직이는 것은 여기서 끝나지 않는다. 지구의 움직임에서 중심이 되는 태양조차도 그저 한자리에 가만히 멈추어 있지 않다. 태양은 수많은 별이 모여 있는 뭉치인 은하계 속에 포함되어 있는데, 태양은 그 은하계 속에서 자기 나름대로 움직인다. 태양이 은하계 속에서 움직이는 속도는 은하계의 중심을 기준으로 시속 78만 킬로미터나 된다. 이렇게 빨리 움직이는 태양에 지구 역시 이끌려서 같이 움직인다. 지구가 이렇게 자연스럽게 이끌려서 움직일 수 있는 것도 역시 지구에 무게가 있어서 태양이 중력으로 끌어당기기 때문이다.

이렇게 무게 때문에 중력으로 끌리는 정도를 계산하는 방법이 바로 영국의 과학자 뉴턴이 만들었다는 만유인력의 법칙이다. 만약 무게가 없다면 만유인력의 법칙대로 저절로 자연히 끌려서 땅에 붙어 서 있는 일이 일어나지 않는다.

사과는 땅으로 떨어지지만 유령은 무게가 없어서 하늘을 붕붕 떠다닐 수 있다는 전설이 있다면, 그저 우아하게 하늘을 떠다니니까 신기하다는 것만으로 간단히 문제가 끝나지 않는다. 무게가 없이 땅 위에 가만히 서 있으려면 무슨 수로든 시속 수십만 킬로미터로 움직이는 땅을 따라다녀야 하는 문제를 해결해야 한다.

만약 무게 문제가 어찌어찌 해결되었다고 해도 여전히 유령이 쉽게 등장할 수 있는 것은 아니다. 그다음으로는 시간 문제를 해결해야 한다.

매년 무슨 날만 되면 유령이 등장한다는 식의 이야기는 세계 곳곳에 대단히 많다. 다시 앞의 조선시대 유령 병사 이야기로 돌아가서, 너무나 안타깝게 전투에 패배한 원한 때문에 매년 그 전투가 있었던 날짜에 유령 병사가 나타난다고 해 보자. 그렇지만 유령이 날짜를 제때에 맞추는 것은 대단히 어려운 작업이다.

생일이나 명절, 공휴일 같은 날짜를 사람들은 아주 중요하게 생각한다. 수많은 사람이 거기에 의미를 두고 있으므로 우리는 날짜 그 자체에 굉장한 의미가 있는 듯한 느낌을 쉽게 받는다. 하지만 날짜를 나타내는 그 숫자 자체에는 딱히 맞아떨어지는 대단한 뜻이 없다. 날짜란 그냥 여러 사람이 쓰기 좋도록 적당히 정한 달력에 따라 적당히 정해 놓은 숫자에 불과하다. 그 숫자들은 어떤 우주의 법칙이나 자연의 원리에 따라 정해지는 것이 아니라 그냥 학자들, 공무원들, 정치인들이 서로 합의해서 "우리 생각에는 이렇게 날짜에 숫자를 붙이면 편할 것 같다."라고 필요에 따라 정해 놓은 것뿐이다.

당장 한국에서는 아직도 음력과 양력 두 가지 날짜를 사용한다. 관공서나 상거래에서 기준으로 사용하는 것은 대체로 양력 날짜다. 그렇다면 1624년에 벌어진 전투에서 한이 맺힌 병사 유령이 현재 대한민국 서울의 지하철역에 나타날 때 그 전투가 일어났던 양력 날짜를 기준으로 해야 할까, 그 전투가 일어났던 음력 날짜를 기준으로 해야 할까?

조선시대의 일이니까 아무래도 음력 날짜가 아닐까 싶기도 하지만, 사실 조선시대 말인 1896년 1월 1일에 고종 임금의 명령으로 이미 양력 날짜를 채택했다. 그러니 아직 조선시대가 이어지던 중에도 양력을 10년 이상 사용한 셈이다. 사람들이 공식적으로 사용하는 날짜에 따라 유령이 나타난다면, 유령 입장에서는 1895년까지는 음력 날짜에 맞춰서 매년 출현하다가 1896년부터는 양력 날짜에 맞춰서 출현했어야 할는지도 모른다. 유령이 된 뒤에 제날짜에 맞춰서 그럴싸하게 등장하려면 나라에서 표준으로 채택하는 달력이 무엇인지 계속 신문이나 뉴스를 보면서 알아 가야 한다는 의미다.

게다가 기준이 양력으로 바뀌었을 때, 자신이 출현해야 하는 날짜인 1624년 전투가 벌어졌던 날이 양력으로 치면 몇 월 며칠이었는지 그제야 다시 계산해서 따져 보는 것은 상당히 복잡한 계산이다. 컴퓨터가 없다면 달력 제도를 잘 아는 사람이 한참을 계산해야 겨우 알 수 있다.

그런 식으로 유령이 바뀌는 날짜를 계속 뉴스를 보며 파악해서 바꾼다는 이야기는 좀 잡스러워 보이는 구석이 있다. 그냥 유령은 무조건 음력을 따른다고 해 보면 어떨까? 양력을 채택하고도 세기가 두 번이나 바뀌었는데 아직도 명절 날짜는 음력으로 정하는 것이 한국인이니까 아무래도 음력에 무슨 신비한 이유가 있고 유령도 그것을 따른다고 해도 되지 않을까?

그런데 그냥 음력이라고 해도 날짜를 정하는 방법이 한 가지밖에 없어서 영원히 변하지 않았던 것이 아니다. 전혀 아니다. 어찌 보면 오히려 음력 날짜 정하는 방법이 더 자주 바뀌었다고 해도 지나친 말이 아닐 정도다.

지금 현재 우리가 사용하고 있는 음력 체계는 중국에서 청나라 시절에 개발된 '시헌력'이라는 방식을 기준으로 만든 달력이다. 이 달력을 조선에서 1653년부터 사용했고 그것이 거의 그대로 유지되면서 계승된 방식이 현재 사용하는 음력이다. 그 전에는 다른

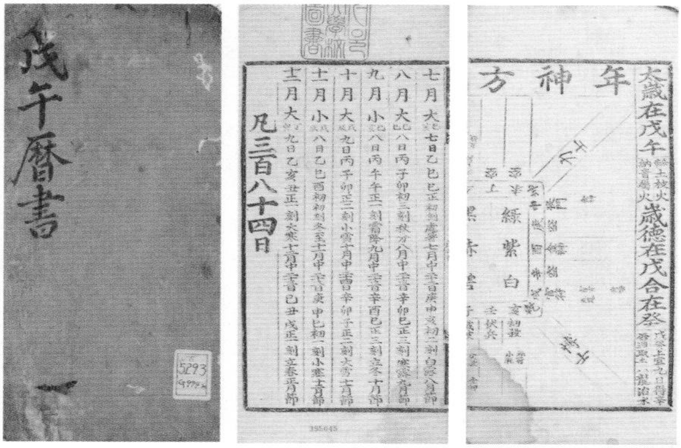

『시헌력』
규장각 소장, 1678년

방식을 썼다. 서로 다른 방식의 달력을 쓰면 날짜가 서로 차이가 나게 된다. 그러니까 1624년의 전투 때문에 한 맺힌 유령 병사가 1653년부터 시헌력으로 달력이 바뀐 것을 모르면, 그다음 해부터는 설령 음력이라도 엉뚱한 날짜에 출현하게 될지도 모른다는 뜻이다.

고려시대에는 '선명력'이나 '수시력' 같은 또 다른 방식의 달력을 사용하기도 했고 그 밖의 달력 방식이 개발되었다는 이야기도 역사에 남아 있다. 기록을 보면 고려시대에는 이웃 나라인 중국 송나라와 날짜 세는 방법이 살짝 차이가 나서 같은 날을 서로 다른 날짜로 부르게 되는 바람에 혼란에 빠졌던 일도 있었다.

심지어 양력이라고 해도 한 가지만 있는 것이 아니다. 양력 중에 많이 쓰인 것으로는 율리우스력과 그레고리력이 있는데, 20세기 초 기준으로 따져 보면 두 달력 방식은 날짜 차이가 수십 일가량 난다.

러시아의 경우 20세기 초에도 한동안 율리우스력이라는 달력 방식을 사용했다. 그러니 1900년 정도의 시점이라면 조선과 러시아 둘 다 양력을 사용하고 있기는 하지만, 조선 땅에서는 그레고리력을 사용하고 두만강을 건너 러시아 땅으로 가면 율리우스력을 사용하니 날짜가 바뀌게 된다. 매년 몇 월 며칠에 출현하는 유령 병사가 나타났는데 이 유령이 사람을 따라가다가 두만강을 건너 러시아 땅으로 가면 그 날짜가 아니게 되므로 "오늘이 아니네."라면서 겸연쩍게 사라져야 할 수도 있다.

시각의 문제로 넘어가면 문제는 더욱더 이상해진다. 밤 12시가 되면 유령이 나타난다는 이야기는 세계 각지에 대단히 많다. 그렇지만 어떻게 유령이 정확히 밤 12시를 알 수 있단 말인가? 유령이 휴대전화를 충전해서 들고 다니면서 시계를 항상 보는 것도 아니지 않은가?

밤 12시는 가장 깊은 밤이라는 느낌 때문에 유령이 나타나는 때로 자주 언급되는 시각이다. 하지만 사실 대부분의 지역에서 밤 12시는 정확히 가장 깊은 밤이 아니다. 시각이라는 것도 신비로운 우주의 원리에 따라 정해진 것이 아니라 사람이 편리하도록 적당히 정한 숫자에 불과하기 때문이다.

예를 들어 한국의 경우 동쪽 끝의 독도에서 서쪽의 백령도까지 모두 하나의 시간대를 사용한다. 그런데 해는 동쪽에서 먼저 뜨고 지고 서쪽에서 나중에 뜨고 진다. 동쪽 끝인 독도에 가장 깊은 밤이 찾아왔을 때, 서쪽 끝인 백령도에는 아직 가장 깊은 밤이 되지 않았을 것이다. 그렇지만 그런 차이는 무시하고 그냥 편하자고 한국 내에서는 전부 다 같은 시각을 쓰기로 정해 놓았다. 그래서 한국에서 시각은 한 가지뿐이다.

한편 중국에서 채택하고 있는 시간대는 한국보다 한 시간이 뒤처진다. 한국에서 밤 12시일 때 중국은 아직 밤 11시라는 이야기다. 압록강을 건너는 다리 위 중국과의 국경 한가운데에 밤 12시에 출현하는 유령이 있다면, 이 유령은 중국 시간을 기준으로 밤 12시에 나타날까, 아니면 한국 시간으로 밤 12시에 나타날까? 좀 더 극적인 예로는 2018년 4월 27일의 북한을 예로 들어 볼 수도 있다. 이날 전까지 북한은 남한과 30분 차이가 나는 평양표준시라는 시간대를 사용하고 있었다. 그러다가 김정은의 명령으로 시간대를 바꾸어 남한과 같게 맞췄다. 즉 북한에서 밤 12시에 나타나는 유령이 있다면, 김정은의 이 명령이 나온 뒤에는 그다음 날부터 30분 일찍 나타나야 한다. 유령이 제때 맞춰 나타나기 위해서는 김정은의 명령까지 챙겨 듣고 있어야 한다는 뜻이다.

이야기를 더 장난스럽게 만들어 보자면 시간대가 바뀌는 지역 근처를 지나고 있는 배나 비행기를 생각해 볼 수도 있다. 시간대가 바뀌는 경계를 배나 비행기가 넘었다가 되돌아왔다가 하면 시간대는 계속 이랬다저랬다 바뀌게 된다. 그런 배나 비행기에서 밤 12시가 되면 나타나는 유령이 있다면 배의 움직임이 정확히 언제 시간대를 넘나드는지를 세심히 지켜보면서 시각에 맞춰 나타났다 사라졌다를 반복해야 할 수도 있다.

마지막으로 긴 우주의 역사를 생각해 보면 한 장소에서 유령이 계속 나타나는 것마저도 쉬운 일은 아니다. 앞으로 대략 50억 년 정도의 긴 시간이 지나면 태양이 너무 크게 부풀어 오를 것이고 그때 지구는 태양의 뜨거운 불길에 휘말려 녹아 없어져 버릴 거라고 한다. 그런 날이 찾아와서 사람들은 모두 우주선을 타고 다른 행성으로 탈출하고 지구는 불길에 다 파괴되어 버렸다고 해 보자.

그러면 도대체 지구 자체가 녹아 없어져 버린 상황에서 1624년에 있었던 전투 장소에 나타나던 유령은 이제 어디에 나타나야 하는가? 지구가 마지막으로 있었던 그 장소에 계속 나타나야 하는가, 아니면 지구가 계속 태양을 따라다니며 빙빙 돌 거라고 가정할 때 지구가 있을 만한 장소를 계산해 가면서 그 위치에 나타나야 하는가?

혹시 옛날 그 한 맺힌 전쟁터의 땅과 흙에 유령은 언제까지나 달라붙어 있는 거라고 해야 할까? 지구가 통째로 파괴되는 바람에 지구의 남은 흔적이 흙먼지가 되어 우주 공간 이곳저곳을 떠돌아다니게 되면, 그중에 1624년 전쟁터의 흙이었던 먼지 조각 하나를 유령은 따라다녀야 하는가? 그렇게 되면 유령은 그 한 맺힌 먼지 조각을 따라 나중에는 머나먼 은하계 저편까지 흘러가서는 아무도 보는 사람이 없어도 음력 날짜를 계산해 가며 매년 한 번씩 나타난다는 이야기가 된다. 이 역시 무척 피곤하게 들리는 이야기다.

[미라]

4000년 전, 미라를 관 속에 넣어 피라미드에 보관해 두었다. 미라는 언젠가 먼 미래에 다시 부활할 날을 기다리고 있었다. 그런데 피라미드에 누군가 찾아와 미라에게 말을 걸었다. "누가 감히 내 안식을 깨웠는가? 대가를 치르고 싶은가?" 그러자 로켓 연구소의 연구원들이 쭈뼛거리며 미라에게 말했다.

"안녕하세요, 미라 선생님. 저희는 다른 별로 날아가는 우주선을 개발하고 있는 연구소 직원들입니다. 그런데 우주에 있는 별은 워낙 멀리 있어서 저희가 개발한 최신 우주선으로도 2000년은 날아가야 한답니다. 그래서 미라 선생님께 부탁을 드리려고요. 미라 선생님은 오랫동안 다시 깨어날 날을 기다리며 누워 있는 것을 워낙 잘하시잖아요. 지금 이대로 관 속에서 안식을 취하신 채로 우주선을 타고 2000년 동안 날아가신 뒤에 목적지에 도착하면 저희가 배치해 놓은 자동 로봇이 깨워 줄 겁니다. 그곳에서 새로운 별과 행성을 지구 대표로 탐험해 주십시오. 필요한 모든 경비는 저희가 전부 부담하겠습니다. 월급을 두둑이 달라고 하시면 얼마든지 더 드리겠습니다."

미라가 많은 사람에게 잘 알려진 괴물로 자리 잡은 시기는 1932년 미국 유니버설영화사에서 〈미이라The Mummy〉라는 영화를 만들어 흥행에 성공시킨 뒤다. 미라 이야기는 고대 이집트에서 미라를 만드는 풍습 때문에 생겨났으니 그 뿌리는 다른 어떤 괴물보다도 더 깊기는 하다. 하지만 정작 미라 이야기가 사람들이 흔히 떠올리는 괴물인 드라큘라나 늑대 인간 이야기처럼 여겨지게 된 결정적인 계기는 20세기에 공포 영화가 유행한 뒤의 일이라고 보는 편이 옳다. 그러니 공교롭게도 미라는 가장 오래된 소재이지만 괴물이 된 것은 도리어 가장 최근의 일이다.

먼 옛날 고대 이집트에서 만든 미라는 사람이 세상을 떠났을 때 그 시신을 아주 오래 보존할 수 있도록 여러 가지 시술과 약품을 이용해서 처리해 놓은 것을 말한다. 그러니 일종의 장례 풍습이었다고 할 수 있다. 고대 이집트 사람들이 이런 일을 한 까닭은 세상을 떠난 사람이라도 미래에 언젠가 반드시 부활하는 때가 온다고 믿었기 때문이다. 그리고 사람이 되살아날 때 예전의 몸이 그대로 보존되어 있으면 다시 본래와 같은 모습으로 깨어날 수 있다고 생각했다. 때문에 고대 이집트인들은 죽은 자의 몸을 최대한 살아 있을 때 모습 그대로 오랫동안 보존하려고 노력했다.

그런데 이집트에서 미라를 만드는 장례 풍습이 생긴 지 4000년은 족히 지난 20세기에 미국 유니버설영화사 사람들은 미라를 새로운 괴물 이야기로 바꾸어 버렸다. 1932년에 나온 미라 영화 시리즈 1편 〈미이라〉에서 주인공은 세상을 떠난 지 4000년이 넘은 임호텝Imhotep이라는 인물이다. 임호텝은 대단히 유능한 사람 내지는 마법사 같은 인물인데, 이 사람은 나쁜 일을 겪으며 한이 맺힌 상태로 미라로 변하게 된다. 그러다가 4000년 정도가 지나 현대에 되살아나는데, 영화는 이 임호텝이 되살아난 시체라는 점에 초점을 맞추며 미라 이야기를 공포물로 꾸몄다.

한 맺힌 유능한 사람이 미라가 되어 묻혔다가 수천 년 뒤에 다시 깨어났고, 이후에는 그 한을 풀기 위해 싸우며, 그러면서 살아생전 이루지 못한, 잊지 못한 사랑을 찾아다니기도 한다는 줄거리는

고양이 미라
기원전 2500년 무렵 이집트 고대 무덤에서 발견된 고양이 미라

이후 미라 이야기의 기본 틀이 되었다. 1959년 영국의 해머영화사에서 만든 〈미이라The Mummy〉라는 영화에서도 이 줄거리를 활용했고, 1999년 이후 다시 유행한 할리우드 영화 〈미이라The Mummy〉 시리즈도 출발은 바로 이 줄거리였다. 다만 1999년의 〈미이라〉에서는 1932년 〈미이라〉의 속편에 나왔던 모험가들, 학자들의 이야기와 미라를 나쁘게 이용하려는 악당들 이야기 등등도 같이 버무려 놓았다. 심지어 1989년에 나온 홍콩 영화 〈진용秦俑〉도 배경을 중국으로 바꾸었을 뿐, 중심 줄거리는 매우 비슷하다.

고대 이집트인들이 만들었던 미라와 괴물 영화 속 미라의 핵심

적인 공통점은 사람의 몸을 수천 년 동안 그대로 보존한다는 생각이다. 영화 장면대로라면 어찌나 잘 보존했는지 다시 되살렸을 때 바로 일어나 걸어 다니면서 건강한 다른 사람들을 공격하고 제압할 수 있을 정도다.

사람이나 동물을 그렇게 오랫동안 철저히 보존할 수 있을까? 먼저 동물을 오래 보존하기 위해서는 세균이나 벌레가 동물을 갉아먹는 것을 막아야 한다. 튼튼하고 꼭 막힌 상자 같은 곳에 동물의 몸을 담아 둔다면 벌레가 들어오는 것은 일단 쉽게 막을 수 있다. 그러나 세균은 눈에 보이지 않는 작은 틈으로도 기어들어 올 수 있다.

설령 아무런 틈이 없게 아주 철저히 막아 놓은 통에 동물을 넣었다고 하더라도 살아 있는 동물의 몸 안팎에는 이미 항상 많은 세균이 살고 있다. 사람의 장 속에 살고 있다는 유산균이나 대장균 같은 것들은 물론이거니와 피부 위와 몸 안 곳곳에 살고 있는 이름 없는 세균들은 굉장히 많다. 그 수는 수십억 마리, 수백억 마리 정도는 쉽게 넘어간다.

그러니 설령 공기조차 통하지 않을 정도로 철저히 막아 놓은 통에 동물을 집어넣어 둔다고 하더라도 시간이 지나면 그 동물 몸속에 있던 세균이 동물의 몸을 조금씩 갉아 먹는다. 목숨을 잃은 동물의 몸은 세균을 막아 낼 아무런 힘이 없으며, 반대로 세균이 먹을 만한 성분은 잘 드러나 있다. 우리가 생선이나 고기를 사 놓고 오래 지나면 '상한다'라고 말하는 것은 바로 고기에 붙어 있던 세균이나 외부에서 붙어서 퍼진 세균이 고기를 갉아 먹으면서 사람이 먹으면 안 되는 성분을 잔뜩 만들어 두는 현상이다.

그렇다면 죽은 동물을 오래 보존하려면 무슨 수로든 세균이 활동할 수 없도록 만들어야 한다. 불로 익혀서 세균을 없애거나 세균이 자라기 힘들 정도로 독한 약물이나 소금을 잔뜩 뿌리는 방법을 생각해 볼 수 있다. 이렇게 하면 세균을 상당히 없앨 수 있다. 실제로 젓갈 등을 만들기 위해 소금에 절이는 방법이나, 훈제 달걀을 만들어서 오래 보관할 수 있게 하는 방식은 이런 식으로 세균을 억제하는 방법이라고 할 만하다. 그러나 이런 방법을 쓰면 불, 소금, 독한 약물에 세균뿐만 아니라 저장해야 할 동물의 몸도 같이 망가져 버린다.

단백질은 열에 약한 종류들이 많아서 불로 익히면 쉽게 성질이 바뀌면서 부서져 버린다. 만약 보존하는 목적이 나중에 그냥 식료품으로 먹는 것이라고 한다면 단백질이 조금 부서지는 정도는 큰

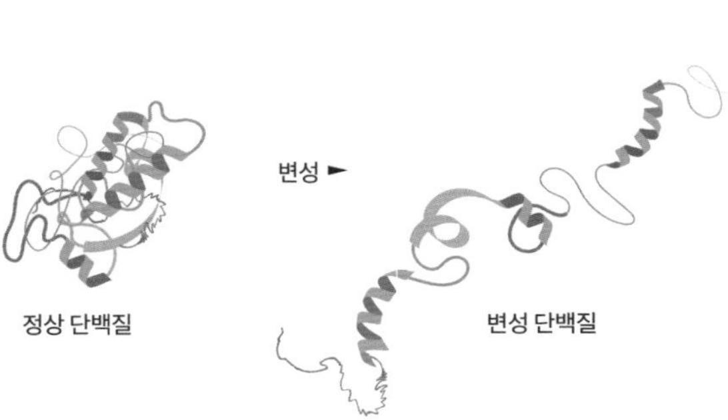

단백질의 변성
열, 강한 산, 염기, 방사선 등이 본래 구조를 무너뜨리는 과정

문제가 아니다. 하지만 그런 방식으로 제 기능을 못하는 망가진 단백질로 변해 버린 것을 보존해 둔다면 나중에 본래대로 되살린다는 목적에는 소용이 없다.

과학 실험실이나 자료를 보존해 두는 곳에서는 포름알데히드 용액에 표본을 담가 두는 경우도 있다. 이렇게 해 두면 겉모양은 세균에 공격받는 일 없이 오래 보존할 수 있다. 하지만 역시 내부의 단백질 구조는 많이 상해서 되돌릴 수 없게 되는 경우가 많을 것이다. 달걀을 한번 삶아 놓으면 겉모습은 큰 차이가 없지만 단백질 구조가 완전히 망가져서 아무리 닭이 품어도 병아리가 깨어나지 못하는 것과 비슷하다.

게다가 운이 좋아서 어떻게든 세균이 동물을 갉아 먹는 문제를 해결했다고 하더라도 더 어려운 또 다른 문제가 남아 있다. 바로 열을 해결하는 문제다.

동물의 몸을 비롯해 우리가 일상생활에서 보는 물체들을 아주 크게 확대해 보면 원자라는 아주 작은 알갱이들로 이루어져 있다. 원자들이 서로 연결되어 붙어 있는 덩어리를 분자라고 부르기도 한다. 그런데 이런 원자나 분자는 가만히 있는 것이 아니라 항상 조금씩이라도 움직이고 있다. 알갱이 하나가 자기 혼자 제자리에서 빙글빙글 돌고 있는 것도 있고, 이리저리 굴러다니고 날아다니는 것들도 있다. 이런 현상 때문에 시간이 지나면 가만히 있어도 저절로 모든 것은 조금씩 모양이 바뀌게 되고 운이 없으면 부서지고 망가지게 된다.

온도가 조금이라도 있으면 모든 물체에는 이런 현상이 일어난다. 예를 들어 보통의 평범한 공기 속에 들어 있는 질소 기체나 산소 기체도 크게 확대해 보면 질소 분자, 산소 분자라는 아주 작은 알갱이들로 되어 있는데 이런 알갱이는 공기 중에서 평균 시속 몇천 킬로미터의 속도로 날아다니고 있다. 공기 중에 어떤 물체를 놓아두면 이렇게 빠르게 움직이는 물질의 분자에 계속 두들겨 맞는다. 그러다 잘못하면 부서지기도 한다. 부서지면서 다른 물질로 변할 때도 있다. 예를 들어 어떤 물질이 공기 중을 날아다니는 산소 분자와 계속 부딪치면서 다른 물질로 아주 빠르게 변화하는 현상이 발생하면 그것을 눈으로 볼 때 불타오르는 모양으로 보이게 된다.

온도가 높아지면 원자, 분자 들이 움직이는 속도는 더욱 빨라진다. 사실 온도라는 것 자체가 따지고 보면 원자와 분자 들이 움직이는 평균속도를 나타내는 다른 방법이라고 할 수 있다. 온도를 높이면 공기 중의 산소 분자는 더 빠르게 물체와 부딪친다. 공기 속에서 어떤 물체의 온도를 점점 뜨겁게 하다 보면 저절로 그 물체에 불이 붙는 자연발화 현상이 일어날 때가 있는데, 이런 현상은 높은 온도에서 산소 기체가 그만큼 빠르게 자주 부딪치면서 물체를 변하게 할 기회를 더 강하게, 많이 만들어 주기 때문이라고 설명해 볼 수 있다.

그러니 조금이라도 온도가 있다면 모든 물체는 항상 조금씩 바뀐다. 전혀 변화하지 않아 보이는 바윗덩어리라 하더라도 온도가 있다면 그 바위를 이루고 있는 원자들은 계속 떨리고 흔들리고 있다. 그런 일이 일어나고 있는 한은 아주아주 느리게라도 가끔씩 그것이 닳기도 하고 부서질 수도 있다.

그러므로 세균이 전혀 접근하지 않더라도 동물의 몸속에서는 끊임없이 원자, 분자 들이 움직여 수분이나 기름기가 점차 어딘가로 날아가 버리면서 본래의 모습을 잃어버린다든가 하는 일이 일어날 수밖에 없다. 시간이 오래 흐른다면 중요한 성분이 저절로 분해되듯이 파괴되는 일이 일어날 가능성도 있다.

이런 문제를 해결할 방법은 없을까? 원자, 분자가 움직이는 속도가 얼마일 때 온도가 얼마로 나타나는지를 계산하는 방법을 개발한 인물로 영국의 제임스 맥스웰과 오스트리아의 루트비히 볼츠만을 흔히 지목한다. 그래서 원자, 분자가 움직이는 평균속도와 온도의 관계를 나타낸 결과를 '맥스웰-볼츠만 분포Maxwell-Boltzmann distribution'라고 한다. 맥스웰-볼츠만 분포를 보면, 온도를 섭씨 영하 273도까지 낮추면 모든 원자와 분자가 전혀 움직이지 않게 된다는 사실을 알 수 있다. 즉, 섭씨 영하 273도로 온도를 낮춘 곳에 고기를 보관한다면 그 어떤 작은 원자의 떨림도 없게 된다. 그러므로 이 온도가 유지되는 한은 영원히 아무런 변화 없이 물체를 보존할 수 있다.

문제는 이런 온도를 만들어 내는 것이 사실상 불가능하다는 점이다. 과학의 여러 법칙 중에서 가장 넓고 깊은 바탕이 되는 법칙으로 '열역학법칙law of thermodynamics'이 꼽히는데, 열역학법칙 중에 세 번째 법칙인 '열역학 제3법칙'은 섭씨 영하 273도를 열과 온도의 기준점으로 정해야 한다는 법칙이다. 온도 단위 중에서 K로 표시하는 절대온도 단위 켈빈은 이 법칙에 맞추어 0K를 섭씨 영하 273도로 정해 두고 있다.

과학자들은 열역학 제3법칙을 절대영도라 불리는 0K에 도달하는 것이 사실상 불가능하다는 의미로 해석하기도 한다. 『공조냉동 건축 설비용어사전』 등의 기술 사전에도 이런 해석은 흔히 실려 있다. 그 깊은 의미를 따진다면 설명이 지나치게 길어지겠지만, 단순히 생각해 봐도 온도가 0K가 되려면 원자가 절대로 움직일 여지가 없도록 모든 원자가 꽉꽉 눌려 하나의 고정된 모양으로 가만히 있는 상태가 계속되어야 할 텐데, 이런 상태가 유지된다는 것은 너무나 어려워 보인다.

때문에 어떤 물체를 영원히 변하지 않도록 보존하기란 어렵다. 온도는 움직임이고 움직임이 있다면 조금씩이라도 변할 여지가 있을 수밖에 없다. 우주에 온기가 남아 있는 한은 무엇이건 가만히 그대로 있기가 어렵다는 이야기다.

그렇다면 사람의 몸을 영원히 보존하는 목표는 포기해 보자. 대신 몸을 그냥 꽤 오래 보존하는 것은 가능할까?

영화 속의 미라 임호텝은 실제 고대 이집트의 기록에 등장하는 이름이다. 기록과 영화 속 모습은 무척 다르지만, 같은 인물이라고 보면 기원전 2600년대 무렵에 살았던 사람이다. 이런 인물을 기원후 1900년, 2000년 무렵의 시대에 다시 태어나게 하려면 대략 4000년에서 5000년을 보존하면 된다. 5000년이라면 사람의 수명이나 한 나라의 역사에 비하면 길어 보이는 시간이다. 하지만 지구와 태양이 지내 온 시간이나 우주의 나이에 비하면 아주 짧은 순간이다.

영원히 보존하는 것이 아니라, 5000년 정도 물체를 있는 그대로 보관하는 문제라면 이것은 한번 도전해 볼 만하다. 0K까지는 아니더라도 섭씨 영하 20도, 30도 정도의 낮은 온도로 유지하면 그만큼 몸을 이루고 있는 원자, 분자 들의 움직임이 느려지고, 그러면 변화가 일어나는 속도도 아주 느려져서 그대로 보존할 수 있다. 덤으로 이렇게 낮은 온도에서는 세균도 살 수 없으므로 세균이 몸을 갉아 먹는 문제도 저절로 해결된다.

그런데 만약 동물의 체온을 섭씨 영하 30도까지 낮춘다면 다른 문제가 발생한다. 온도가 낮아지면서 원자와 분자의 움직임이 점점 느려지다 보면, 어느 정도를 넘는 순간 움직임이 빠르게 일어날 때와는 전혀 다른 방식으로 원자와 분자 들이 움직이려고 하는 때가 생긴다. 이런 때의 변화를 '상전이phase transition'라고 한다.

물을 예로 들어 보자. 물은 작은 물 알갱이들인 물 분자가 서로 이리저리 굴러다니며 움직이는 것이 모인 덩어리다. 물 분자끼리 서로가 서로를 어느 정도 끈끈하게 달라붙도록 하는 힘도 조금은 있다. 하지만 굴러다니며 계속 움직이기 때문에 이런 달라붙는 힘에 크게 영향을 받지는 않는다. 온도가 높으면 빨리 굴러다니고 온도가 낮으면 천천히 굴러다닐 뿐이지 물 분자들은 계속 이리저리 굴러다닐 수 있다. 그런데 온도가 섭씨 0도가 되면 물 분자들이 움직이려고 하는 속도는 물 분자들이 서로 달라붙는 힘을 이겨 낼 수 없을 정도로 작아진다. 그러면 더 이상 물 분자들은 굴러다니지 못하고 굴러다니는 움직임을 서서히 멈춘다. 한번 멈춘 물 분자는 서로 달라붙으며 굳는다. 이제 물 분자의 움직임이란 서로서로 달라붙은 채로 전후좌우로 떨리는 정도로 바뀐다.

섭씨 1도일 때와 섭씨 0도일 때의 온도 차이는 얼마 되지 않지만, 그사이에 움직임의 방식이 아예 바뀌어 버린다. 당연히 물의 성질도 달라진다. 섭씨 1도일 때까지는 이리저리 물 분자들이 굴러다닐 수 있는 덩어리이며 이것을 액체인 물이라고 한다. 그러나 섭씨 0도가 되어 서로 달라붙은 상태에서 각자 떨리는 물 분자들의 덩어리는 고체인 얼음이 되는 것이다.

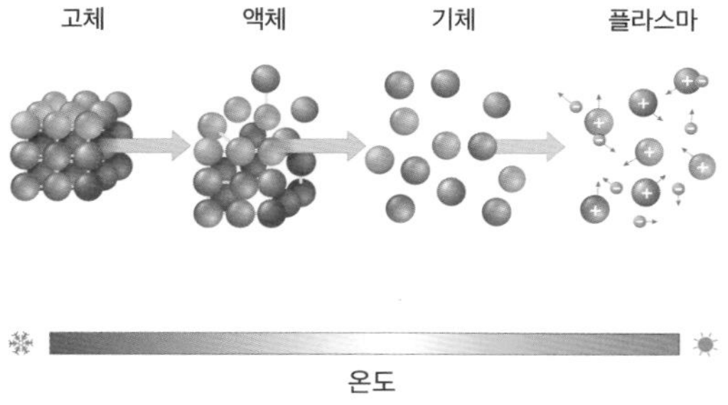

물질의 상태변화
온도에 따라 에너지를 흡수하거나 방출하며 변화

이처럼 점차 조금씩 변해 가던 것이 어떤 선을 넘어서면서 그 전과는 완전히 다른 방식으로 확 변해 버리는 상전이 현상은 물질이 액체에서 고체로 변화하는 것 정도 이외에도 다양한 분야에서 여러 가지 현상을 설명해 주는 발상으로 활용되기도 한다. 나는 심지어 사회나 경제의 변화에서도 상전이 현상과 비슷한 일이 일어날 거라고 이야기하는 글을 본 적도 있다.

상전이가 일어나면 그 전 상태와는 물질의 성질이 크게 달라진다. 물을 예로 들면 상전이가 일어나 얼음이 되면 얼기 직전인 액체 상태보다 부피가 더 늘어나고 딱딱한 정도도 달라진다. 동물을 영하 30도로 얼려서 보존하려고 하면 분명히 상전이가 일어나는 바람에 아예 성질이 달라지는 순간이 생길 것이다. 그러면서 본래의 모양은 부서져 버린다. 예를 들어 물이 얼어붙어 버리면서 움직이고 있던 단백질을 엉뚱한 방향으로 붙잡은 채로 굳어 본래 몸 곳곳의 모양을 괴상하게 망가뜨릴 수도 있다. 아예 물이 얼음으로 변해 부피가 커지면서 몸 이곳저곳을 쿡쿡 찌르고 터뜨려 버릴지도 모른다.

그런데 동물 몸속에는 물만 있는 것이 아니다. 다른 여러 가지 기름기나 여러 성분이 녹아 있는 다양한 액체들이 몸속에 들어 있다. 이런 다양한 물질들이 서로 다른 온도에서 서로 다른 방식으로 상전이를 일으키면서 이곳저곳을 망가뜨리지 않도록 무슨 수로든 대책을 마련해야 한다. 그래야만 아주 낮은 온도로 동물의 몸을 온전히 냉동 보관할 수 있다.

현재까지 과학기술로 일상화되어 있는 수준은 사람의 몸 전체가 아니라 아주 작은 세포 하나를 냉동시키는 정도다. 사실 그런 방법은 제법 많이 활용되고 있다. 시험관아기 시술을 하는 한국의 병원 중에는 어머니의 배 속에 들어가면 아기로 자라날 수 있는 작은 수정란 세포 하나를 오랫동안 냉동 저장하는 기술을 가진 곳도 있다. 이런 곳에서는 그대로 기르면 사람 아기가 될 수 있는 수정란 세포 하나를 몇 년이고 냉동 보관하고 있다가, 어머니가 그

아기를 낳고 싶을 때 해동해 다시 몸속에 넣어 주는 시술을 필요한 사람들에게 해 주고 있다.

만약 고대 이집트의 미라가 그 비슷한 방식을 이용한다면 미라를 넣어 두는 관에 냉동 기능이 있어야 할 거라고 나는 생각해 본다. 미라를 만들 때 신비한 약을 온몸에 바르고 붕대로 친친 감는 이유도 몸을 얼리는 동안 상전이가 일어나 몸 곳곳이 어긋나 망가지는 현상을 최대한 방지하려고 이를 막아 주는 약을 몸에 바르고 그 약이 몸속에 스며들게 하기 위해서라고 상상해 볼 수도 있겠다.

조금 황당하지만 방향을 조금 바꿔서 생명을 잃은 동물을 보존하는 것이 아니라 아예 살아 있는 동물을 그냥 잠만 계속 자게 하면서 보존하는 방법을 생각해 볼 수도 있다. 시신을 보존하는 것이 아니라 생명이 붙어 있어서 살아 있는 상태의 생명체를 보존하는 일이라면 많은 문제가 저절로 해결된다. 세균이 몸을 갉아 먹으려고 해도 살아 있는 몸의 면역 체계가 세균을 막아 줄 것이고, 열 때문에 몸의 작은 한 조각이 부서지는 일이 발생한다고 해도 살아 있는 몸이라면 다시 새 세포가 자라나서 부서진 부분을 대체해 줄 것이다.

긴 시간 겨울잠을 자는 동물이 있는 것을 보면 상상해 볼 만한 이야기가 아닌가 한다. 조금 다른 경우이기는 하지만, 경상남도 함

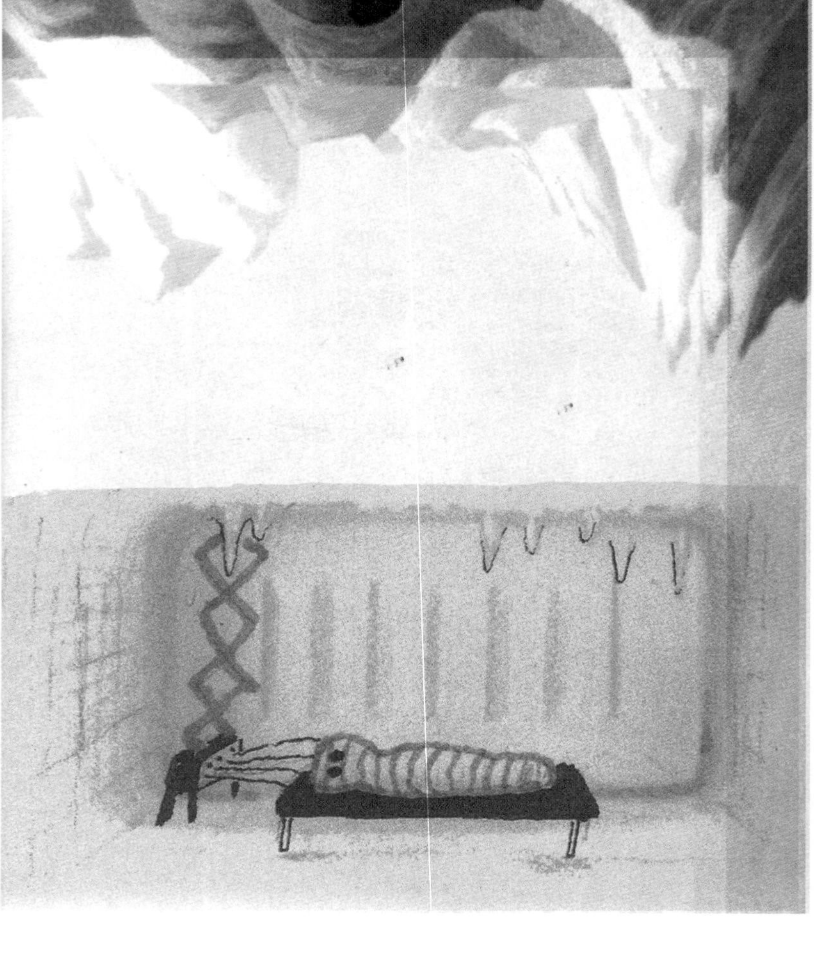

안에는 '아라홍련'이라는 아름다운 연꽃이 있다. 이 연꽃은 경상남도 함안군 성산산성 유적지를 발굴하다 700년 전에 묻힌 씨앗들을 발견하고 2010년 이를 다시 심어 자라나게 해 꽃을 피우는 데 성공한 사례다.

물론 사람의 몸을 연꽃씨처럼 몇백 년, 몇천 년 고스란히 유지하는 일은 쉽지 않다. 온몸이 유지될 수 있도록 계속 영양분이 될 만한 것을 먹여 주어야 하고, 온몸을 늙지 않게 유지해 주는 약도 필요하다. 한 자세로 계속 잠만 자면서도 근육과 뼈가 굳지 않도록 해 주는 방법도 있어야 한다. 그래도 이런 생각이 더 그럴싸하다고 여긴 사람이 있기는 있었던 듯하다. 1940년에 나온 미라 영화의 속편 〈미이라의 손The Mummy's Hand〉에 바로 이런 방식의 미라가 등장하기 때문이다. 이 영화에서는 수상한 사람들이 수천 년 동안 대를 이어 가며 미라에게 가끔 한 방울씩 신비의 약물을 먹여 주는데, 그 약의 힘으로 미라는 살아 있으면서도 잠든 상태로 관 속에 오래도록 누워 있다.

이런 미라는 5000년간 가만히 누워 있는 채로 꿈만 꾸고 있다. 그는 보통 사람의 평생을 몇십 번씩 이어서 경험할 만한 세월을 겪으면서 언젠가 깨어날 때를 하염없이 기다리는 신세다. 그는 과연 무슨 꿈을 꾸고, 어떤 생각을 갖게 될까?

불사조 #그리스신화 #GPS #크립토크롬4 #줄기세포

흰여우 #전우치 #독버섯 #소수 #십진법 #해킹

거인 #어우야담 #기간토피테쿠스 #뇌과학 #파괴적혁신

4부

—

괴물 공학

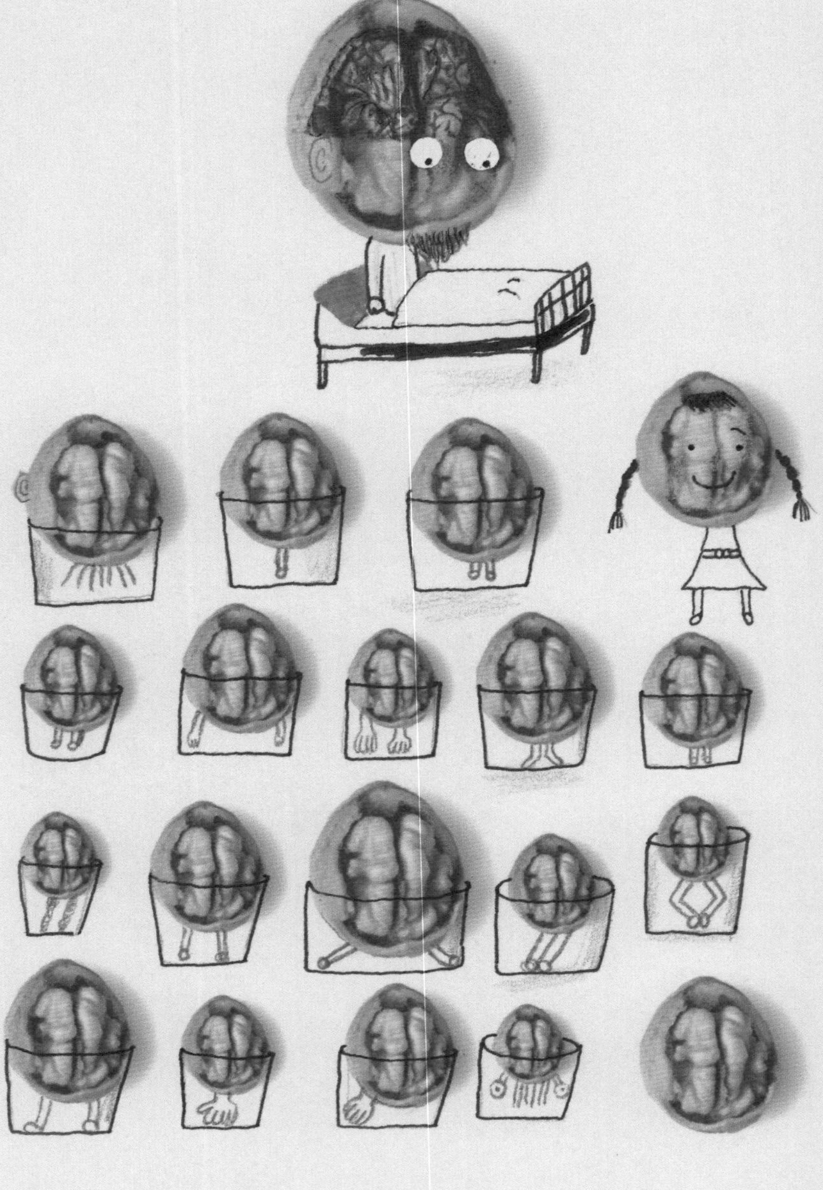

[불사조]

어느 노인이 불로장생하고 싶다고 말했다. 그러자 연구 팀에서는 노인의 두개골에 작은 구멍을 뚫어 뇌를 2퍼센트 정도만 채취했다. 얼마 뒤 연구 팀은 어린이를 한 명 데려왔다.

"이 어린이가 오래오래 살 테니 불로장생이 이루어진 겁니다." 노인이 의아해했다. "저 어린이는 내가 아닌데, 어떻게 불로장생이 이뤄진 거요?" 그러자 연구원은 이렇게 대답했다. "선생님 뇌에서 떼어 간 2퍼센트의 뇌세포를 줄기세포로 바꾸어 계속 자라나게 했습니다. 2퍼센트 뇌는 100퍼센트 뇌 크기로 자라났고, 나중에는 거기에서 머리통이 자라나고 얼굴과 목이 자라나고 몸통과 팔다리도 돋아나서 이런 어린이로 자라난 겁니다. 따지고 보면 선생님의 한 부분이잖아요. 이 아이가 오래 살면 선생님이 오래 사시는 겁니다."

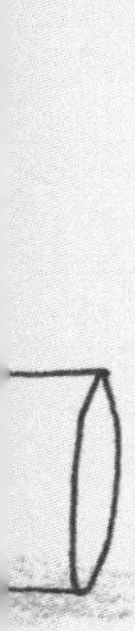

사람은 도저히 따라 할 수 없는 부러운 재주를 가진 신성하고 이상한 새에 대한 전설은 전 세계 각지에 퍼져 있다. 조선시대 학자 이덕무가 남긴 기록 중에는 사람들 사이에 '육덕위'라는 아주 커다랗고 사나운 새가 있어서 호랑이를 잡아먹을 수도 있다는 소문이 돌기도 했다고 한다. 그 밖에도 삼국시대에 불교가 인도에서부터 전래되어 오면서 인도 사람들의 신화에 나오는 거대한 새인 '금시조金翅鳥'에 대한 이야기도 제법 알려진 편이었다.

여기에서는 그런 여러 신기한 새 중에서도 그리스신화에 나오는 불사조에 대해 살펴보기로 하겠다. 흔히 영어 발음에 따라 피닉스phoenix라고도 하는 그 새 이야기다.

그리스신화에서 불사조는 아름답고 멋진 새로 500년 정도의 긴 시간을 살 수 있는 것으로 묘사된다. 크기는 독수리 정도인데 머리에는 공작과 비슷하지만 더 크고 화려한 장식깃이 달려 있고, 양 날개는 붉은 금빛이며, 꼬리 부분은 노란색, 녹색, 붉은색이 알록달록 화려하게 섞여 있다. 빛을 받으면 마치 태양이 타오르듯이 깃털들이 더욱 멋져 보인다고 한다.

불사조는 500년을 살 수 있다. 그리고 500년이라는 수명이 다 할 즈음이 되었다고 해도 그냥 세상을 떠나는 것이 아니라 자신을 위해 마련해 놓은 신전을 찾아온다고 한다. 신전은 헬리오폴리스Heliopolis라는 곳에 있는데, 그곳에 사람들이 불을 피울 준비로 장작을 비롯한 여러 가지 물건을 쌓아 놓았다고 한다. 신전에 도착한 불사조는 타오르는 불 속으로 들어간다. 곧 불사조는 불타 없어진 듯하지만 얼마 지나지 않아 거기에서 다시 새로운 젊은 불사조가 나타나 또 세상 밖으로 날아간다. 이런 500년 주기의 생활을 반복하면서 불사조는 영원히 산다.

일단 이 이야기에서 그나마 가장 쉬워 보이는 대목부터 살펴보자. 세상 어느 신비로운 곳을 돌아다니던 불사조가 500년이 다 될 즈음이면 꼬박꼬박 헬리오폴리스의 신전으로 돌아온다. 이 비슷한 새들은 무척 많다. 비둘기는 낯선 곳에 데려다 두어도 자기 집을 잘 찾아와 편지를 전달하는 데 이용하기도 했다. 친구 집 비둘기를 데려와 편지를 써서 다리에 묶은 뒤에 풀어 주면, 편지를 매단 채로 다시 집으로 돌아가기 때문이다. 이러한 습성 덕분에 비둘기는 예로부터 사람들이 소중하게 기르는 동물이었다. 고려시대인 1196년 조정을 장악하고 있던 장군 이의민이 망한 것도 기르는 비둘기를 두고 하인들이 다툰 것이 시작이었고, 조선 후기의 학자 유득공은 『발합경鵓鴿經』이라는 책을 써서 다양한 비둘기의 종류와 기르는 방법에 관해 연구한 결과를 밝히기도 했다. 지금 대한민국의 우체국도 비둘기 모양을 그 표시로 삼고 있다.

철새 중에는 비둘기보다 훨씬 더 먼 거리의 방향과 목적지를 잘 알아보는 새들이 있다. 물떼새는 한국의 물가에서 흔히 볼 수 있는 작달막한 새로 참새보다 조금 큰 정도지만, 러시아 동부에서 동남아시아 남쪽의 섬까지 1만 킬로미터에 가까운 엄청난 거리를 매년 왔다 갔다 하면서 아주 넓은 세상을 구경하며 사는 동물이다. 특별히 출장이 잦은 직업을 가진 사람이 아닌 다음에야 사람도 그 정도 거리를 매년 꼬박꼬박 오가기는 쉽지 않을 텐데, 물떼새는 날씨가 추워지면 따뜻한 곳을 찾아 동남아시아 남쪽까지 떠나고 날씨가 더워지면 시원한 곳을 찾아 러시아 동부까지 매년 왕복한다. 그리고 그 지나가는 길에 한반도 이곳저곳을 통과하며 들르기 때문에 한국에도 모습을 드러내게 된다.

이런 철새들이 물떼새만 있는 것도 아니다. 철새 중에 몇천 킬로미터, 몇만 킬로미터 정도를 왔다 갔다 하는 종류가 적지 않다. 단순히 적지 않은 정도가 아니라 오히려 돌아다니지 않는 새가 더 드물 정도다. 쉽게 눈에 뜨이는 제비만 하더라도 몇천 킬로미터를 매년 왔다 갔다 날아다니는 새고, 한국에 나타나는 도요새 종류 중에도 물떼새만큼 긴 거리를 매년 왔다 갔다 하는 부류는 흔하다.

몇만 킬로미터를 날아다니면서 방향을 잡아 목적지를 잘 찾아갈 수 있는 철새들이 이렇게 흔하다면, 500년을 채우면 신전으로 돌아간다는 불사조의 습성도 크게 이상할 게 없다. 한반도에 사는 제비가 1년에 한 번씩 겨울이면 중국 강남 지방으로 날아갔다가 오듯이, 불사조는 500년에 한 번씩 신전에 날아갔다 온다고 생각하면 된다. 그리스신화를 지어낸 사람들이 머릿속에서 상상했던 세상의 무대는 물떼새 같은 새들이 실제로 날아다니는 1만 킬로미터 단위의 드넓은 대륙과 대양에 비하면 오히려 좁다고도 할 수 있다. 불사조가 어디에 가 있든 간에, 보통 철새 같은 재주만 있다고 해도 충분히 다시 신전으로 찾아올 수 있을 것이다.

문제는 긴 시간 동안 수많은 사람이 연구했지만 아직도 도대체

메신저 비둘기
제1차 세계대전에 쓰인 전서구

생체 나침반
지구자기장을 감지하는 철새들의 능력

어떻게 새들이 그렇게 먼 거리를 움직이면서 방향을 잘 잡는지 정확히 모른다는 점이다. 지도가 없고 표지판이 없다면 걸어서 서울에서 수원까지만 가 보라고 해도 어려움을 겪는 사람이 많을 것이다. 그런데 새들은 지도는커녕 표지판의 글씨조차 읽을 줄 모르는데 도대체 무슨 수로 방향을 알 수 있을까? 심지어 이런 철새들은 아무것도 없는 넓은 바다를 건널 때도 방향을 잘 잡아 날아간다.

많이 이야기되던 것 중에는 태양을 보고 방향을 잡는다는 말이 있었다. 태양은 항상 우리에게 빛과 온기를 주기 때문에 태양이 어느 쪽에 있는지 쉽게 느낄 수 있다. 평소에 방향을 별로 따지지 않고 사는 사람이라고 하더라도, 내가 사는 집이나 학교, 사무실에 아침쯤이면 어느 쪽으로 햇빛이 들더라, 저녁쯤이면 어느 쪽으로 햇빛이 들더라 하는 느낌 정도는 기억한다.

만약 어떤 새가 자고 일어날 때 유독 아침 해가 뜰 무렵을 잘 기억하는 특징이 있다고 해 보자. 거기에 날씨가 추워질수록 햇빛이 있는 쪽으로 가고 싶어 하는 습성이 있다면 이 새는 자신이 평소 가장 잘 기억하고 있는 아침 해 뜰 무렵 해의 방향을 따라 겨울에 동쪽으로 날아가게 된다. 만약 습성이 좀 특이하게 달라서 그 반대로 가고 싶어 하거나 직각으로 구부러진 방향으로 가고 싶어 한다면 서쪽, 남쪽으로 가는 습성을 가질 수도 있다. 그런 식으로 방향을 잡는다는 이야기다.

그렇지만 이것만으로는 부족하다. 철새들은 해의 위치를 보고 방향을 잡는 정도보다는 좀 더 정교하고 정확하게 방향을 잡는 듯하다. 게다가 해가 잘 보이지 않는 흐린 날씨나 밤에도 철새들은 방향을 잡는 데 별 어려움을 겪는 것 같지 않다. 그렇다 보니 철새들이 바람에 퍼지는 냄새를 느끼고 방향을 잡는 데 도움을 얻는다는 이야기도 있고, 여러 마리가 무리 지어서 날아가다 보면 서로서로 조금씩 방향을 맞춰 가며 더 정확한 방향으로 날아갈 수 있다는 이야기도 어디선가 들어 본 적이 있다. 마치 여러 사람이 의논하고 토론하다 보면 더 좋은 의견이 나오는 것처럼, 새들이 떼 지어 날아가다 보면 각자의 방향감각은 약간씩 틀리더라도 서로 적당히 방향을 맞춘 전체의 의견은 정확한 방향이 된다는 이야기다.

밤하늘의 별을 보고 철새들이 방향을 잡는다는 말도 있다. 북극성은 항상 북쪽에서 빛나니, 만약 밤에 뜬 북극성을 보고 그것이 너무 아름답고 신비롭다고 생각해서 그 방향으로 날아가고 싶은 마음이 자꾸 드는 철새가 있다면 그 새는 똑바로 북쪽으로 날아가게 된다. 방향을 잘 나타내는 다른 별을 기준으로 생각할 수도 있다.

어찌 보면 이런 수법은 요즘 사람들이 스마트폰의 GPS칩을 이용해서 지도에서 위치를 찾고 방향을 잡는 것과도 약간은 비슷하다. GPS칩은 사람이 일부러 하늘 높이 띄워 놓은 인공위성에 신호를 보내고 계산해서 위치와 방향을 알아낸다. 이런 사람의 기술은 별을 보고 방향을 아는 철새와 닮은 점이 있다. 다만 인공위성이 눈에 직접 정확하게 보이는 물체가 아니므로 눈에 보이는 빛 대신에 전파를 이용해야 하고, 몇 가지 정밀한 방법을 더 이용해서 더욱 정확하게 방향을 잡는다는 점이 다르다.

좀 더 화려한 것으로는 스웨덴 룬드대학교 연구진이 2018년 발표한 연구 결과에 나오는 이야기도 있다. 이 이야기에서는 철새가 크립토크롬4^Cryptochrome4^라는 물질을 이용해서 방향을 잡는다고 한다.

크립토크롬4는 미세한 자기장의 변화에 따라 그 모양이 살짝 바뀌는 형태를 갖고 있다. 그런데 지구 자체가 약한 자기장을 내뿜고 있어서 지구의 북극 쪽은 자석의 N극을 끌어당기고, 지구의 남극 쪽은 자석의 S극을 끌어당긴다. 애초에 자석에서 N극이라는 말부터가 북극^north pole^이라는 단어에서 따온 말이다. 그러므로 아주 가벼운 자석을 물 위에 가만히 띄워 놓으면 지구의 자기장에 이끌려 항상 N극이 북쪽을 가리키게 된다. 이 원리를 이용해서 항상 북쪽을 가리키도록 만든 장치가 바로 나침반이다. 그런데 철새의 몸에서는 크립토크롬4가 바로 이 나침반 역할을 한다는 것이다.

게다가 크립토크롬4는 하필 철새의 눈 속에 들어 있다. 학자들은 철새가 어느 방향을 보고 있느냐에 따라 지구자기장의 영향으로 미세한 자기장의 차이가 생기면 그에 따라 크립토크롬4의 모양이 변해 철새의 눈에 보이는 형체도 바뀔 것이라고 짐작하고 있다. 가정일 뿐이지만, 북쪽을 보고 있을 때는 지구의 북극 쪽 자기장에 이끌려 크립토크롬4가 뿌옇게 눈을 덮는 모양으로 바뀐다고 해 보자. 그러면 이 철새의 눈에는 항상 북쪽을 볼 때마다 안개가 낀 것 같은 뿌연 모양이 보일 것이다. 만약 이 철새에게 날씨가 더워지면 안개 낀 곳을 찾아 몸을 숨기고 싶어 하는 습성이 있다면, 이 철새는 여름마다 북쪽 방향으로 날아갈 것이다.

사람의 자동차에 달린 내비게이션 장치는 어느 갈림길에서 회전하라는 말소리를 내어서 방향을 알려 준다. 그러니까 자동차를 타고 가는 사람은 장치에서 나는 소리를 귀로 듣고 방향을 안다. 그에 비해 크립토크롬4를 이용해서 방향을 잡는 철새는 눈으로 방향 표시를 보고 방향을 아는 셈이다. 불사조의 눈 속에는 훨씬 더 정밀하고 훨씬 더 복잡한 구조로 자기장을 느끼는 물질이 있어서 500년마다 일정한 크기로 자라나 항상 늙으면 신전이 있는 그곳으로 방향을 잡게 된다고 한번 상상해 보자. 그 물질은 불사조의 눈에 도대체 어떤 모양으로 보이기에 자신을 불사르고 다시 새 몸

불사조

으로 태어나는 그곳으로 가고 싶게 만드는 것일까? 불사조의 신성한 모습에 어울리는 무엇인가 고결한 형상이 눈에 보이는 것일까? 아니면 그 성스럽다는 불사조마저도 삶의 마지막에 이르면 그곳으로 돌진할 수밖에 없게 만드는 무엇인가의 모습일까?

방향을 잡는 문제에 비하면 불사조가 불 속에서 다시 태어난다는 대목은 더욱 어려운 문제다. 훨씬 복잡한 방법을 생각해 내야 한다. 그나마 가장 간단한 방법으로는 불사조가 불에 들어갔을 때 알을 낳고, 그 알이 부화해서 거기에서 새끼가 나온다는 방식을 생각해 볼 수 있다. 불사조의 몸에 특이한 근육이 있다거나 뼈가 있다거나 해서 어느 정도 열을 받아야만 알이 나올 수 있다고 한다면 하필 불 속에 뛰어들었을 때만 알을 낳는다는 것도 말은 될 수 있다고 생각한다.

보통 새의 알껍데기는 탄산칼슘으로 되어 있는데 단백질 성분이나 지방질보다는 열을 잘 견디는 성분이다. 만약 불사조의 알이 상당히 두껍고 충분히 튼튼하다면, 불 속에서도 바로 망가지지는 않을 것이다. 그러는 동안 불길이 없는 쪽으로 적당히 굴러간다면 불사조의 알은 익지 않고 버틸 수 있을 것이다. 물론 그 알에서 태어난 불사조는 어미 불사조와 똑같은 불사조는 아니다. 그냥 어미 불사조의 자식일 뿐이다. 그렇지만 만약 불사조가 단성생식parthenogenesis으로 태어난다면 조금은 달리 생각해 볼 여지가 있다.

단성생식이란 암컷과 수컷이 있어야 자식이 태어나는 생물이 암컷과 수컷 양쪽이 없을 때도 자식을 낳는 경우를 말한다. 예를 들어 물벼룩 같은 생물은 암컷과 수컷이 있기는 하지만 필요할 때에는 암컷 혼자서도 그냥 새끼를 낳을 수 있다. 의외로 이렇게 단성생식을 할 수 있는 생물은 제법 많다. 달팽이, 곤충, 물고기 중에도 단성생식을 할 수 있는 것들이 있고, 코모도왕도마뱀 같은 아주 커다란 동물을 비롯한 몇몇 도마뱀들도 이렇게 자식을 낳을 수 있다. 닭이나 칠면조 같은 새 중에서도 아주 가끔 이런 현상이 일어나는 경우가 있다고 한다. 그러니 불사조도 단성생식을 할 수 있다는 추측은 가능하다고 생각한다.

만약 이렇게 단성생식으로 자식을 낳는다면 외부의 물질과 유전자를 받아들여서 자식이 탄생한 것이 아니라, 순전히 자신의 몸에서 모든 재료가 나와서 그것이 갈라져 나와 자식이 된 것이다. 단성생식으로 태어난 자식은 어머니와 아버지를 반반씩 닮은 모습이 아니라 어머니에게 물려받은 모습으로만 태어난다. 그렇다고 어머니와 쌍둥이처럼 똑같은 모습이 된다는 이야기는 아니다.

어머니의 유전자들끼리 서로 섞인 모습으로 마치 가까운 자매보다 더 가까운 모습으로 자식이 태어난다. 불사조가 이렇게 단성생식으로 자식을 낳는다면, 어쩌면 새롭게 태어난 불사조를 본래 자신의 몸 한쪽이 서서히 분리된 느낌으로 받아들일지도 모른다.

단성생식을 이용하는 방식이 아니라면, 불사조의 조상이나 불사조를 처음 만든 어떤 뛰어난 기술을 가진 사람이 불사조에게 무엇인가 장치를 해 놓았다고 상상해 보고 싶다. 예를 들어 신전에 정밀하고 작은 기계장치가 있어서 불사조가 도착하면 그 몸의 아주 작은 한 부분을 떼어 낸 뒤에 그것을 계속 키워서 새 불사조로 만들 수 있다고 해 보자. 눈에 보이지 않을 정도로 작은 불사조의 세포 하나만을 떼어 낸다고 해도 이런 장치는 가능할 수 있다.

본래 칼에 베이거나 무엇인가에 찔려 상처가 나면 상처가 아물고 새살이 돋아나듯이, 세포는 새로 자라나서 본래의 모양대로 변할 수 있는 성질이 있다. 게다가 보통 세포가 아닌 특별한 기능이 있는 줄기세포stem cell라는 세포는 그 생물의 몸 온갖 부위로 다 자라날 수 있는 재주를 갖고 있다. 처음 임신이 이루어졌을 때 단 하나의 수정란 세포였던 사람이 어머니의 배 속에서 계속 자라나면 머리, 팔, 다리, 심장, 뇌 등 온몸의 갖가지 부위로 자라날 수 있는 이유도 바로 수정란이 자라나면서 계속해서 줄기세포를 만들어

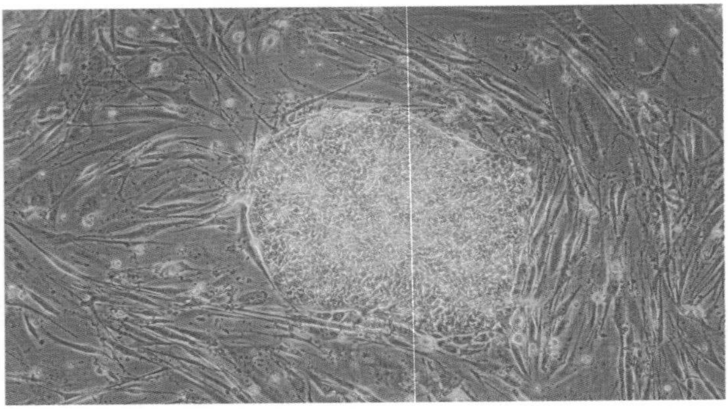

인간 배아 줄기세포

내기 때문이다.

그러므로 만약에 신전에 있는 기계장치가 불사조의 보통 세포를 줄기세포로 변하게 할 수 있고, 이것을 계속 안전하게 자라게 만들 수 있다면 그 기계장치 속에서 세포 하나를 계속 키워서 불사조 한 마리를 새로 만들어 내는 것이 가능해질지도 모른다.

이렇게 태어난 불사조는 본래 불사조의 기억과 경험을 그대로 간직하고 있지는 않겠지만 쌍둥이처럼 똑같은 모양으로 자라날 수 있다. 따지고 보면 그 시작이 되는 세포 한 조각도 본래 불사조에서 떨어져 나와서 자라난 셈이니 본래의 불사조와 관계가 깊다. 비유해 보자면 사람의 손톱을 하나 잘라 내서 그 손톱을 무럭무럭

키웠더니 손톱에서 손가락이 돋아나고 손가락에서 팔이 돋아나고 팔에서 몸통과 머리, 다리가 태어나 나 자신과 똑같은 모양이 되었다는 이야기와도 비슷하다. 실제로 요즘 많은 연구원이 보통 세포를 줄기세포로 되돌릴 수 있는 방법을 궁리하고 있기도 하다. 이렇게 할 수 있다면 몸의 망가진 부분을 새로 만들어 되살릴 수도 있으며 쇠약하고 병든 사람들을 치료할 수도 있기 때문이다.

불사조가 그런 기술을 이미 먼 옛날에 갖고 있었고 그런 일을 자동으로 할 수 있는 자동기계를 갖추고 있다면 이런 일은 가능하다. 어쩌면 불사조가 하필 불 속에서 다시 태어나야 하는 이유는 이 기계장치를 작동하려면 연료를 태워서 기계장치의 엔진을 돌릴 필요가 있기 때문은 아니었을까? 이 기계장치가 묘하게도 연료를 태우는 곳에 불사조가 들어가야만 작동되는 기이한 구조를 지녔다면, 불사조가 불길 속에서 다시 태어나는 것처럼 보인다는 이야기가 조금은 더 그럴듯하게 들린다.

요술을 배우기 위해 흰여우 나라에 간 유학생은 항상 시험 점수가 나빴다. 유학생은 마지막으로 모든 것을 걸고 혼신의 힘을 다해 시험공부를 해서 꼭 만점을 받겠다고 결심했다. 그런데 막상 시험을 친 뒤 유학생이 점수를 계산해 보니 64점이 나왔다. 유학생은 좌절해서 흰여우 나라를 떠나기로 했다. 그런데 떠나는 그에게 흰여우 친구가 말해 주었다.

[흰여우]

"우리는 항상 64점을 만점으로 계산했어. 어느 시험이건 보통 그게 상식 아니야? 우리는 그 점수를 '백 점'이라고 불러."

유학생은 소리쳤다.

"뭐? 그게 무슨 소리야?"

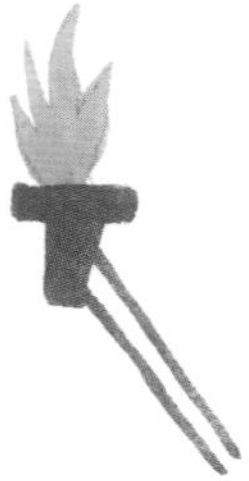

여우가 사람으로 변신해 요사스러운 짓을 한다는 이야기는 오래 전부터 여러 나라에서 내려오고 있었다. '바보 온달'이라는 별명으로도 잘 알려진 고구려의 온달 장군에 대한 기록에도 요술을 부리는 여우에 관한 이야기가 실려 있다. 『삼국사기』「열전」의 '온달' 편을 보면, 젊은 시절 처음 평강공주와 온달이 만났을 때 온달은 공주가 자신같이 미천한 사람에게 직접 찾아왔을 거라고는 상상도 하지 못하고 "이것은 여우가 요술을 부리는 것임이 분명하다."라고 의심했다고 기록되어 있다. 그러니까 대략 1500년 전부터 여우가 요술을 부려 사람 모습으로 변신할 수도 있다는 전설이 한국에 널리 퍼져 있었다는 뜻이다.

한국에는 특히 흰색 여우가 요술을 부린다는 이야기가 눈에 띄는 편이다. 여러 흰여우 전설 중에서도 내가 가장 재밌다고 생각하는 기록은 조선시대 후기에 나온 책인 『한죽당섭필』에 기록되어 있는 이야기다. 이 기록은 하필이면 여러 가지 신기한 요술에 뛰어났던 인물이었다는 전우치에 관한 내용이다.

이 전설의 배경은 전우치가 요술을 부리는 법을 터득하기 전 시절이다. 그런 만큼 이 이야기 속에서 직접 요술을 부리는 장면은 하나도 나오지 않는다. 요즘 할리우드 영화라면 '전우치 더 비기닝'이나 '전우치 퍼스트 스토리' 같은 제목을 붙여 개봉할 것 같은 시기가 무대인 셈이다.

젊은 시절 전우치는 비슷한 다른 많은 젊은이들처럼 공부를 열심히 하면서 살고 있었다. 전우치는 전라남도 담양 출신이었는데 한동안 산속의 사찰에 들어가서 공부를 하고 있었다고 한다. 지금으로 따지자면 외딴곳에 있는 합숙 시설 같은 곳에서 대학 입학이나 취직을 위해 공부하는 모습과 비슷한 느낌이다. 그러고 보면 이때만 해도 전우치가 온갖 요술을 부리며 장난스럽게 세상을 떠돌며 살기보다는 어떻게든 시험에 합격하거나 좋은 성적을 얻으려고 애쓰며 공부하던 시절 아니었나 싶다.

이 사찰에서 지내는 사람 중에는 술을 빚어서 저장해 둔 무리가 있었다. 그런데 어느 날 밤 저장해 둔 술이 사라지자 "학생이 혹시 밤에 몰래 술을 훔쳐 먹은 것 아니냐?" 하며 전우치가 누명을 쓰게 된다. 전우치는 누명을 벗기 위해 진짜 범인을 잡아 보겠다고 한다. 그래서 몰래 숨어서 누가 나타나 술을 훔쳐 먹는지 밤새도록 지켜본다.

『전우치전』
고려대학교도서관 소장

그렇게 보고 있자니, 깊은 밤중에 나타나 술을 훔쳐 먹은 것은 놀랍게도 몸이 하얀 여우였다. 전우치는 흰 여우를 덮쳐서 붙잡고 입과 네 다리를 꽁꽁 묶어 버린다. 그러자 흰여우는 애걸하면서 전우치에게 빌었다. 아마 이렇게 말했던 것 같다.

"선비님, 저를 제발 놓아주십시오. 그러면 선비님의 은혜를 꼭 몇 배로 갚겠습니다."

전우치가 흰여우의 말을 믿지 못하는 것 같자 흰여우는 다시 빌면서 이번에는 자기가 숨겨 둔 비밀 책을 한 권 주겠다고 했다. 제목을 붙여 보자면 '백호소서白狐素書'라고 할 수 있는 책인 셈인데, 슬쩍 펼쳐 보았더니 온갖 눈속임 기술로 사람들에게 신기한 환상을 보여 줄 수 있는 요술 수법이 잔뜩 기록되어 있었다. 요즘으로 따지면 멋진 마술 쇼를 보여 주는 마술사의 비법 수첩 같은 책이었다. 비법 중에 쉽게 따라 할 수 있는 것에는 친절하게도 점이 찍혀 있었다고 한다.

전우치는 흰여우를 앞에 두고 책에 빠져 한동안 그 내용을 읽어 보았다. 그런데 그때 갑자기 전우치의 고향 집에 있던 사람이 급하게 달려오더니 엉엉 울면서 아버지가 돌아가셨다고 전했다. 전우치는 놀라서 황급히 그 사람을 따라갔는데, 막상 몇 걸음 가다 보니 그 사람은 밤길을 걷는 사이에 어딘가로 사라져 버렸다. 정신을 차리자 흰여우도 어딘가로 사라졌고 흰여우가 준 책도 흩어져 점이 찍혀 있는 부분 몇 장만 남았다고 한다. 그러니까 "아버지가 돌아가셨다." 하며 사람이 나타난 것은 사실 흰여우가 도망치기 위해 전우치에게 요술을 부려 환상을 보여 주고 거기에 전우치가 속았다는 이야기다.

이 전설에서는 이 일을 겪은 뒤 전우치가 놀라운 요술을 부리는 사람이 될 수 있었다고 말하고 있다. 그러니까 흰여우가 전해 준 책에서 쉬운 대목이라고 남아 있던 것을 조금 익혔을 뿐이지만 그 재주만으로도 전우치는 세상에 이름을 널리 떨치며 놀라운 요술을 보여 줄 수 있었다는 뜻이다.

나는 이 이야기가 굉장히 마음에 든다. 일단 흰여우가 부리는 수법이 환상을 보여 주는 요술이라는 점부터가 무척 그럴싸해 보인다.

흰여우가 정말로 사람이나 다른 짐승으로 변신하는 것은 매우 어려운 문제다. 개구리 왕자처럼 다른 몸속에 들어가서 적응해야 하는 복잡한 문제가 생기기도 한다. 예를 들어 흰여우가 다람쥐로 변신한다면 다람쥐의 작은 머리통 속에 흰여우의 뇌가 모두 들어갈 수 없다. 억지로 일부만 넣는다면 흰여우의 기억이나 성격을 날려 버릴지도 모른다. 정말로 흰여우가 사람의 말을 할 수 있다면 여우의 몸으로 사람의 목소리를 내며 전우치에게 말을 거는 것이 쉽지 않다. 흰여우는 입과 혀와 성대의 구조가 사람과 다르므로 사람이 말을 하듯이 발음을 할 수 없다.

그렇지만 흰여우가 정말로 말을 하거나 다른 짐승으로 변신하는 것이 아니라, 상대편의 눈에 그렇게 보이는 환상만을 보여 주는 수법을 쓴다면 이런 어려움이 없다. 실력이 뛰어난 마술사가 교묘한 수법으로 공중으로 떠오르는 모습을 보여 주거나, 모자 속에서 토끼를 꺼내 보여 주듯이 그냥 상대편의 눈을 속이기만 하면 된다. 상대편의 눈에 꼭 흰여우가 사람으로 변한 듯한 모습만 보여 주면서 적당히 속여 넘기면 충분하다. 흰여우는 힘들게 직접 사람으로 변신하지 않아도 된다.

흰여우

단지 눈을 속이기만 하는 것이 아니라 사람의 뇌를 건드릴 수 있다면 뇌의 착각을 일으켜 더 생생하게 실제가 아닌 것을 실제라고 믿게 만들 수도 있다. 실제로 자연 속에 있는 물질 중에는 사람 몸속에 들어가면 뇌를 망가뜨리는 것들이 있고, 뇌가 망가지다 보면 정확하게 사물을 판단하지 못하고 엉뚱한 환상을 진짜라고 생각하게 되는 수가 있다.

대표적인 예로 독버섯 중에 어떤 것에는 인돌indole이라는 물질을 개조한 것 같은 물질이 들어 있는 경우가 가끔 있다. 이런 특별한 독버섯을 잘못 먹어 이 물질이 몸속에 들어오면 독성 때문에 사람의 뇌 일부가 망가진다. 그렇게 되면 상상과 현실을 구별하지 못하거나 정신이 이상하게 엉켜 버릴 가능성이 있다.

이런 버섯 독 같은 것은 아주 정확하고 정교해야만 하는 것도 아니다. 그냥 뇌를 조금 마비시켜서 꿈과 현실을 구분하지 못하게 만드는 정도의 위력이라도 충분히 사람을 헷갈리게 할 수 있다. 멀쩡한 사람이라도 갑자기 설핏 잠이 들거나 너무 피곤할 때는 완전히 진짜 같은 꿈을 꾸거나 꿈속에서 본 것을 실제로 겪었던 일이라고 착각하는 수가 있다. 그러니 이런 버섯 독 때문에 뇌가 약간 망가지면 밤에 졸다가 꾼 꿈을 현실로 여기게 될지도 모른다. 전설 속에서 여우에 홀린 사람은 주로 밤에 여우에게 당한다. 그러고 보면 깊은 밤 힘들어서 얼핏 졸음에 빠진 사람이 어떤 독 때문에 꿈과 현실을 착각하게 되면 여우에 홀린 것 같은 이상한 경험을 했다고 착각할 수 있겠다는 생각이 든다.

흰여우가 이런 이상한 물질을 내뿜는 방법도 잘 찾아보면 있을 만하다고 생각한다. 짐승 중에는 독특한 냄새를 내는 것들이 있다. 스컹크는 티올thiol 계통의 물질을 뿜어내어 아주 지독하게 고약한 냄새를 낼 수 있고, 사향노루도 스테롤sterol을 비롯한 여러 물질을 섞어서 아주 진한 냄새를 내뿜는 부위가 몸에 달려 있다. 그러니 여우 중에 아주 특이한 종류가 있어서 독특한 냄새 대신에 사람의 뇌를 살짝 마비시키거나 망가뜨리는 기체를 뿜어낸다고 해 보면 어떨까?

조금 더 가능성이 높은 방법으로 흰여우가 직접 기체를 내뿜는 방법 대신에 자기 몸 한구석에 독버섯 같은 다른 생물을 키우고 있는 형태를 생각해 볼 수도 있다. 사람 몸에 곰팡이 종류나 그와 닮은 것이 달라붙어 자라면 몸을 간지럽게 하는 피부병이 되는 수가 간혹 있다. 발에 생기는 무좀도 주로 이렇게 곰팡이와 닮은 부류가 발 살갗에 달라붙어 자라면서 생기는 현상인 경우가 흔하다. 그런데 곰팡이와 버섯은 둘 다 진균류fungi로 분류되는 닮은 생물이다. 무좀은 피부사상균dermatophyte이라고 부르고, 버섯들은 대체로 담자균basidiomycota으로 분류한다. 사람 발에 무좀이 자라듯 흰여우 발가락 사이에는 이상한 독버섯이 살짝 자라나고 있다는 이야기도 상상해 볼 만하다.

흰여우가 사람을 공격하고 싶을 때면 이 독버섯을 살짝 부러뜨려 가루로 만든 뒤 입바람으로 불어서 사람에게 보낸다고 해 보자. 그것을 들이마신 사람은 뇌를 다치면서 이상한 환상을 보게 된다. 눈앞의 여우는 그냥 계속 여우인 채 짐승처럼 행동할 뿐이지만, 사람은 여우가 아름다운 왕자나 공주로 변해서 자신을 유혹하고 별나라의 궁전으로 같이 떠나자고 속삭이는 꿈을 꾼다. 그리고 현실

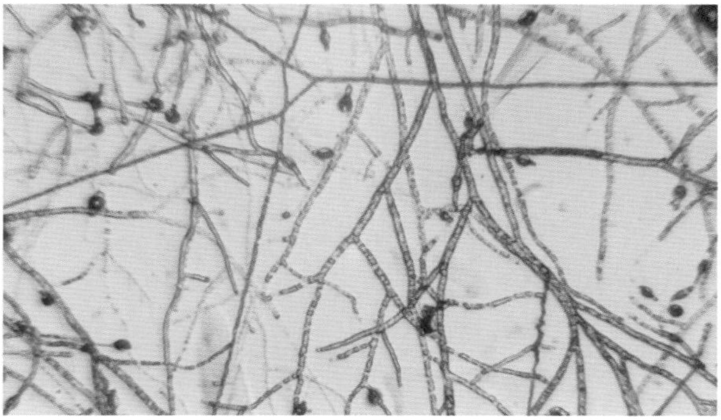

피부진균류의 현미경 사진

이 아니라 꿈이라고 판단하는 뇌의 기능이 망가져 버려 그런 환상을 현실로 믿게 된다.

만약 흰여우가 단지 사람이 환상을 체험하게 하는 것뿐만 아니라 정말로 사람으로 변신할 수 있다면 어떨까? 이런 전설에는 보통 백 년 묵은 흰여우가 사람으로 변신할 수 있게 된다든지, 천 년 묵은 흰여우가 신선으로 변해서 무슨 깨달음을 얻게 된다든지 하는 이야기가 많다. 여우가 꼭 사람으로 변신하지 않는 이야기라고 하더라도, 백 년 또는 천 년 묵은 흰여우는 사람 말을 하게 된다거나 다른 요술을 부리게 된다는 식의 이야기도 많다.

그런데 왜 하필 이 많은 이야기에서는 백 년 또는 천 년일까? 백은 사실 99나 101과 크게 다를 바 없는 숫자다. 천이나 만도 마찬가지다. 만약 내가 건강을 위해 하루에 1만 걸음씩 걷는 운동을 하기로 했는데, 매일 9999걸음만 걸으면 몸이 제대로 효과를 못 받아서 건강에 도움이 안 되고 한 걸음 더 걸어서 1만 걸음을 채워야만 갑자기 무슨 큰 효과가 있고 그런 것은 아니다. 백이나 천은 딱히 특별할 것이 없는 숫자다.

차라리 101은 다른 숫자로 나누었을 때 나누어떨어질 수 없다는 점에서 조금은 특이한 성질이 있다고 하겠다. 학교에서는 이런 수들을 소수prime number라고 부르고, 수학에서는 소수에 관해 탐구하고 소수의 특징을 이용해 암호를 개발한다든가 하는 식으로 응용 기술을 개발하기도 한다. 그러니 만약 흰여우가 101세에는 요술을 부릴 수 있게 된다거나 127세에는 사람으로 변신할 수 있게 된다면 오히려 거기에 무슨 원리가 있는지 탐구해 볼 만할 것이다.

전설 속에서 흰여우가 요술을 부릴 수 있는 나이가 백 살인 것은 사실 전설을 말하는 사람 입장에서 백이라는 숫자를 크고 멋지고 의미 있게 여기기 때문이다. 그리고 백이나 천이라는 숫자가 멋진 것은 백이나 천에는 사람이 따로 이름을 붙여 놓아서 짧고 간결하고 인상적으로 말할 수 있기 때문이다. 신라의 역사가 오래되었다고 해서 '천년 왕조'라는 말을 쓸 때가 있지만 굳이 귀찮게 '구백구십이 년 왕조'라는 식으로 말하지는 않는다. 사람들이 많이 장수하는 시대를 두고 '백 세 시대'라고 하지 '구십팔 세 시대'라거나 '백삼 세 시대'라고 말하지는 않는다.

그렇다면 왜 사람들은 백이나 천 같은 숫자에만 이렇게 간결하고 인상적인 이름을 따로 만들어 두었을까? 구십칠, 구십팔, 구십구라는 숫자까지는 다른 말을 조합해서 말하면서 하필 왜 백이 되면 새로운 단어를 만들어서 쓰는 것일까? 백뿐만 아니라 천에도 비슷한 특징이 있다.

그 까닭은 사람들이 십진법decimal system이라는 체계로 숫자를 세기 때문이다. 즉 숫자를 열까지 세고 나면 그것을 한 묶음으로 따로 두는 체계를 쓴다는 이야기다. 한국어에서는 하나, 둘, 셋, 넷, 다섯, 여섯, 일곱, 여덟, 아홉, 열까지는 따로 이름이 있지만 11부터는 열과 하나라는 말을 조합해 '열하나'라고 한다. 이렇게 10을 기준으로 숫자를 헤아리기 때문에 10이 열 개 모인 100을 따로 만들어 '백'이라고 부르고, 100이 열 개 모인 1000도 따로 말을 만들어 '천'이라고 부른다.

나라마다 문화권마다 차이가 전혀 없는 것은 아니다. 옛사람들이 12개를 한 묶음으로 묶어서 숫자를 헤아리던 12진법 체계나 60개를 한 묶음으로 묶어서 숫자를 헤아리던 60진법을 사용했던 흔적은 자주 보이고, 프랑스어에는 20개를 한 묶음으로 묶어서 숫자를 헤아리던 20진법 체계의 흔적도 있다. 그렇지만 대체로 십진법이 가장 많이 퍼져 있으며, 십진법을 많은 사람이 가장 당연하고 익숙하게 받아들인다.

바로 그렇게 사람들의 기준에서 그럴듯하게 보인다는 이유로 괜히 전설 속의 흰여우도 백 세 또는 천 세가 되면 요술을 부릴 수 있게 된 것으로 보인다. 흰여우 외에도 뱀이 용으로 변신하려면 백 년 동안 기다려야 한다거나, 무슨 나무가 천 년이 지나면 혼령이 깃들게 된다는 식으로 사람 기준의 십진법에서 중요한 백, 천 같은 숫자를 기준으로 하는 전설이 많이 생겼다는 이야기다.

그렇다면 도대체 왜 사람은 열 개를 한 묶음으로 숫자를 헤아리게 되었을까? 사실 딱 열 개를 기준으로 무엇인가가 맞아떨어지는 것은 세상에 흔하지 않다. 지구가 태양을 도는 움직임을 생각하면 100일에 태양 한 바퀴나 1000일에 태양 한 바퀴를 돌지 않고 365일에 한 바퀴를 돈다. 그나마 정확하게 365일로 떨어지지도 않고 365일 하고 몇 시간 정도가 더 걸린다. 달이 지구를 도는 것도 10일에 한 바퀴를 돌거나 100일에 한 바퀴를 도는 것이 아니라 27일에 한 바퀴를 돈다. 그나마 27일로 정확하게 떨어지는 것도 아니라, 27일 하고 몇 시간 정도가 더 걸린다. 지구에 있는 대륙의 개수는 10개가 아니라 남극대륙을 포함해서 일곱 개이고, 공기와 물의 무게를 비교해 보면 물이 백 배 무겁다거나 천 배 무겁다거나 한 것이 아니라 833배 정도 무겁다. 자연의 여러 모습을 살펴보아도 딱히 십, 백, 천 같은 숫자가 중요해 보이는 것은 별로 없다.

그런데도 사람은 열 개씩 묶어서 헤아리는 십진법을 쓴다. 그 이유를 설명하기 위해 떠도는 말 중에는 이런 것이 있다. 옛날 원시

인들이 손가락으로 숫자를 헤아렸는데, 손가락이 열 개이기 때문에 자연히 숫자를 헤아릴 때 열을 기준으로 따지는 버릇에 친숙해졌다는 생각이다. 이 말이 맞는다면 사람들은 자기 손가락 개수가 열 개라는 이유로 괜히 십이라는 숫자를 중요하게 여겼고, 그에 따라 백, 천 같은 숫자도 중요하게 여겨서 흰여우에 관한 이야기를 꾸며 낼 때도 굳이 백 살, 천 살 같은 나이가 무슨 큰 의미가 있는 것처럼 이야기를 만들게 되었던 것이다.

만약에 흰여우 입장에서 생각해 보면 어떨까? 여우는 발가락이 열 개가 아니라 여덟 개다. 만약에 영리한 흰여우가 있어서 흰여우도 숫자를 헤아리고 셈을 할 수 있게 된다면, 흰여우는 열이 아니라 여덟 개를 기준으로 셈을 할 것이고, 그러면 8진법을 쓸 것이다. 사람이 십, 백, 천 같은 숫자에서 뭔가 느낌을 받는 것처럼, 흰여우는 8, 64, 512 같은 숫자를 뭔가 의미 깊은 것처럼 생각하게 될 것이다.

그렇다면 흰여우는 사실 100세가 되면 요술을 부릴 수 있게 되는 것이 아니라 64세가 되면, 또는 512세가 되면 요술을 부릴 수 있게 된다고 해야 맞는 이야기인지도 모른다.

한발 더 나아가서 생각해 본다면, 8진법은 컴퓨터가 사용하는 숫자 체계인 2진법과도 가깝다. 실제로 과거에는 8진법 숫자를 컴퓨터 기술 분야에서 자주 사용했다. 8진법과 가까운 16진법은 아직도 컴퓨터나 디지털 전자회로를 만들 때 많이 쓰이고 있다. 그렇다면 흰여우는 사람보다 컴퓨터를 다루거나 이해하는 데 더 능숙할 수 있지 않을까? 옛날 전설 속의 흰여우가 사람의 정신을 혼란하게 만드는 온갖 요술에 능했다면, 요즘에 나타난 흰여우는 갖가지 컴퓨터 해킹에 능한 괴물이 될지도 모르겠다.

담양 출신의 전우치가 흰여우의 책에서 요술을 배웠다는 전설이 있는 만큼, 나는 담양 근처에서 '흰여우 마술 축제' 같은 것을 열어 전국의 마술사들이 솜씨를 겨루는 경연 대회가 있으면 재밌겠다는 생각을 해 본 적이 있다. 그런데 지금 생각해 보니, 컴퓨터 보안 기술 대회나 해킹 대회 같은 것을 개최하고 '흰여우 대회'라고 부르는 것도 약간은 어울릴 듯싶기도 하다.

[거인]

사람의 몇 배나 되는 털북숭이 거인이 나타나 사람을 한 손에 잡았다. 거인이 사람을 핥아 맛보려고 하자, 사람은 라이터 불을 켜서 거인을 위협했다. "무섭지?"
그러자 거인이 대답했다.
"그것은 뷰테인과 같은 탄화수소 화합물을 높은 압력으로 액체 상태로 만들어 저장한 뒤에 조금씩 내뿜게 만들어 산소와 결합시키는 화학반응을 통해 열과 빛을 내뿜게 하는 장치이지 않습니까? 왜 제가 그런 간단한 장치를 두려워할 만큼 지능이 떨어진다고 생각하시는지요? 저는 선생님과 몸의 구조가 별로 다르지 않은 같은 영장류 동물입니다. 게다가 머리의 크기는 훨씬 더 크니 뇌의 용량은 선생님보다 굉장히 더 큰 셈입니다. 제가 선생님보다 두뇌가 더 뛰어나면 뛰어났지 떨어질 이유가 있는지요? 제가 고작 불꽃을 보고 이상하게 여겨 놀라 도망칠 수준의 지능밖에 안 된다고 얕보셨는지요? 제가 옷을 입지 않고 있는 것은 이곳 날씨가 따뜻하고 저희에게는 큰 옷감을 만드는 공장 설비가 없기 때문일 뿐입니다. 그리고 제가 동물을 날로 먹으려고 하는 것은 신선한 고기는 회로 먹어야 더 맛있다는 것을 잘 알고 있기 때문이지요."

한국을 배경으로 하는 환상적인 모험담 중에 요즘 가장 많이 보이는 것들은 저승에서 무엇인가가 나타나거나 혼령이 등장하는 이야기가 아닌가 싶다. 그렇지만 과거로 거슬러 올라가면 그와는 다른 모험담도 적지 않았다. 그중에서도 특히 바다를 모험하며 이상한 나라에 가서 괴물과 마주친다는 이야기들은 꽤 많은 편이었다. 배를 타고 가다가 풍랑을 만나거나 이상한 물길로 가게 되어 신비로운 어느 섬에 닿았는데 그 섬에서 괴물을 만난다는 내용은 한국 전설 중에서 흔한 편이다. 삼국시대나 신라를 배경으로 한 이야기도 있고, 조선시대를 배경으로 하는 이야기도 여럿 있다.

한국의 바다를 모험하는 전설에 나오는 괴물 중에 무척 자주 등장하는 것은 거인 이야기다. 조선시대의 대표적인 실학자인 이수

광이 옛 강원도 안변에서 살 때 들었다는 바다 표류 전설 이야기가 유몽인이 쓴 『어우야담』에 실려 있는데, 이것도 거인 이야기다. 이 이야기에서는 어떤 사람이 배를 타고 가다가 풍랑을 만나 7일 동안 바다 위를 떠다녔는데, 그곳에 있는 어느 섬에서 거인을 보았다고 되어 있다. 거인의 키는 사람 키의 수십 배를 넘을 만큼 컸고 손으로 배를 뒤집으려 하기에 도끼를 들고 맞서 싸우다가 간신히 도망쳤다는 것이 결말이다.

이런저런 한국의 거인 전설 중에서도 오랫동안 가장 튼튼하게 자리 잡은 것은 신라의 '장인長人' 이야기라고 나는 생각한다. 이것은 '장인국長人國', 그러니까 장인들이 사는 나라에 대한 전설인데 가장 오래된 기록은 『기문紀聞』이라는 이상하고 기괴한 소문을 모아 놓은 중국 책에 실려 있다. 이 내용이 여기저기에 알려져 다른 책에도 인용되었고, 지금까지 남아 있는 가장 오래된 한국의 역사책인 『삼국사기』에도 짤막하게 언급되어 있다. 비록 그 내용이 "이런 이야기는 허황된 헛소문일 뿐이다."라는 말과 함께 미덥지 못한 사례로서 실려 있을 뿐이지만, 장인 이야기가 그만큼 널리 퍼져 있었구나 하고 짐작해 볼 만하다.

장인은 신라의 동쪽 어느 머나먼 곳에 산다고 하는 거인이다. 기록에 그 키가 세 길 정도라고 했으니 대략 9미터쯤 된다. 보통 사람 키의 네다섯 배쯤에 해당하는 높이다. 대략 서울 시내 건물 3층 정도 되는 높이의 거인을 상상하면 적당할 듯하다.

이 거대한 사람들은 성질이 매우 사나웠고 겉모습도 보통 사람과는 달랐다고 한다. 이빨은 톱니, 손톱은 갈고리 같았고, 몸은 검은 털이 뒤덮고 있었다고 한다. 불로 음식을 익혀 먹지 않고 산짐승이나 새를 잡아서 날것으로 먹었다고 한다. 이런 대목은 장인의 흉측하고 잔인한 면모를 드러내려는 묘사인 것 같다. 장인은 본래 옷을 입을 줄 모른다는 기록도 있고, 한편으로는 사람 여성을 붙잡으면 옷을 만들도록 일을 시킨다는 기록도 있다.

장인은 사람을 잡아먹을 수도 있었다고 한다. 그래서 신라 병사들은 이 괴물이 쳐들어오지 않도록 강철로 만든 단단한 요새를 세워 두고 지켰다고 한다. 화살을 자동으로 발사할 수 있는 장치인 쇠뇌 중에서도 강력한 것을 개발해 이 요새에 장치해 두고서 장인이 요새를 넘어 신라 땅 안으로 들어오지 못하게 막았다는 이야기도 덧붙어 있다.

나는 장인국이 실제로는 신라 동쪽의 동해 너머 일본 또는 러시아의 어느 지역에 살던, 도구 제작 기술은 별로 뛰어나지 않지만 매섭게 싸우는 사람들을 발견했을 때 신라 사람들이 놀랐던 이야기가 과장된 것이라고 생각한다.

지금의 일본 북쪽 지역에 사는 아이누アイヌ 민족에게는 독특한 풍습이 많았는데 수염을 길게 기르는 사람이 많기도 했다. 바다를 떠돌던 신라 뱃사람들이 그 비슷한 사람들을 만났다가 싸움을 벌이고 돌아오면, "사람을 잡아먹는 털 난 거인이 사는 곳에 다녀왔다."라는 과장된 소문이 퍼질 수도 있었다고 생각한다.

그렇지만 만약 그런 거인이 실제로 있었고 신라 병사들과 싸웠다면 어떤 모습이었을까? 일단 두 발로 걸어 다니는 동물이 키가 9미터가량 된다는 점은 굉장히 특이해 보인다. 이 정도로 키가 크면 몸무게를 두 다리로 지탱하는 것이 너무 힘들어진다.

키가 9미터라면, 보통 사람의 키를 넉넉잡아 2미터라고 쳐도 사람 키의 4.5배라는 얘기다. 키가 2배 커질 때마다 겉넓이는 그 제곱인 4배로 커지고 부피는 그 세제곱인 8배로 커진다. 여기에 맞춰 계산해 보면, 키가 4.5배라면 몸의 부피는 90배가 넘는다는 뜻이다. 이 거인이 걸어갈 때 거인의 다리통은 사람 다리가 지탱하는 무게의 90배 정도를 지탱해야 한다.

이렇게 큰 무게를 지탱하려면 다리가 굵어지는 수밖에 없다. 다리가 지탱할 수 있는 능력이 다리통의 단면적에 비례한다고 치면, 거인의 다리통을 반으로 잘랐을 때 그 단면적의 넓이가 사람의 90배가 되어야 한다. 이렇게 보면 무척 건장한 사람을 기준으로 허벅지 둘레가 1미터라고 치더라도, 거인의 허벅지 둘레는 8미터가 훌쩍 넘는다는 계산이 나온다. 거인의 키를 9미터라고 보았으니 키와 허벅지 둘레가 거의 비슷한 정도라는 뜻이다.

아무래도 이래서는 거인의 모습이 다리만 너무 심하게 굵은 이상한 모양이 된다. 실제로 사람보다 덩치가 훨씬 큰 고릴라라고 하더라도 두 다리로만 무게를 지탱하는 것은 어렵기 때문에 키가 커지는 데엔 한계가 있어 사람 키만큼 크기도 어렵다. 고릴라 중에는 보통 동부저지대고릴라Eastern lowland gorilla가 큰 축에 속한다. 이 고릴라는 무게가 200킬로그램을 쉽게 넘어가지만 키는 185센티미터 정도다. 이 정도면 어지간한 농구 선수들보다도 키가 작다. 그나마 이 고릴라들은 두 발로 꼿꼿이 선 채로 걸어 다니는 게 아니라 손을 같이 이용해 네 다리로 다니는 것과 비슷한 모양으로 움직인다.

그러니 9미터 크기의 거인이라고 하더라도 다리만 아주 굵은 우스꽝스러운 모습이 되지 않으려면 손으로도 바닥을 짚고 있는 네발짐승에 가까운 모습이든지, 그게 아니라면 상체와 머리는 작고 가볍고 하체와 다리, 발이 큰 좀 특이한 형태가 되어야 한다. 아예 뼈가 사람이나 고릴라와는 다른 더 튼튼한 구조로 되어 있을지도 모른다. 뼈가 가벼운 새처럼 뼈의 속이 비어 있는 관 모양으로 거인의 다리뼈가 만들어져 있을 수도 있다.

원숭이나 유인원 부류 중에서 가장 커다란 짐승으로 짐작하고 있는 종류는 기간토피테쿠스Gigantopithecus다. 짐작만 하는 이유는 기간토피테쿠스가 현재 멸종되어 사라져서 찾아볼 수 없는 동물이기 때문이다. 이빨 등의 몸 일부가 화석으로 남아 있어서 발견되었을 뿐인데 그 이빨 모양이 오랑우탄 비슷한 유인원 모양이고, 이빨의 크기가 워낙 크다. 그러므로 학자들은 기간토피테쿠스를 실제로 본 적은 한 번도 없지만 굉장히 커다란 유인원이었을 거라고 추측하고 있다. 기간토피테쿠스를 크게 보던 시절에는 키는 3미터, 몸무게는 600킬로그램 이상에 달했을 거라고 추측한 적도 있었다.

만약 정말로 기간토피테쿠스의 키가 3미터 정도였다면, 보통 사람들이 보기에는 한참 높아 보이는 크기다. 이 비슷한 고릴라나 오랑우탄 비슷한 짐승 몇 마리가 만약 신라시대까지도 어느 섬에 남아서 살고 있었다고 해 보자. 그렇다면 신라 사람들이 너무 놀라서 거인 괴물을 만났는데 그 키가 엄청 컸다면서 9미터 정도로 과장했을 수도 있지 싶다. 불로 음식을 익혀 먹지 않고 옷을 입을 줄 모

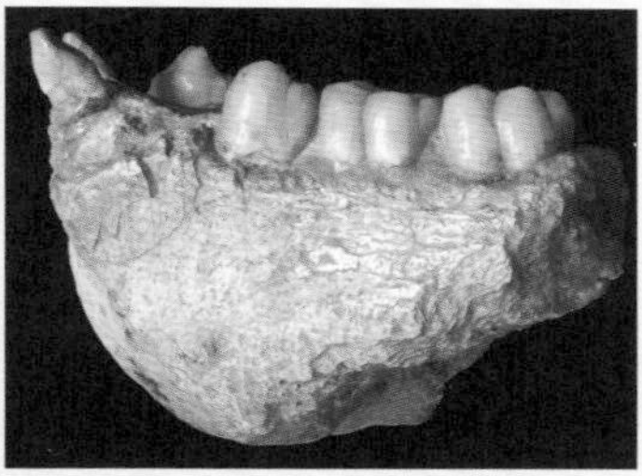

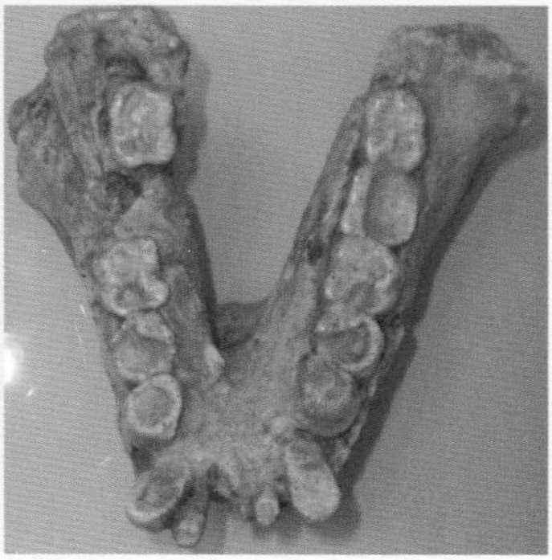

수염 기른 아이누족 남자
라이몬트, 1905년

기간토피테쿠스 화석
턱뼈와 아랫니

른다는 특징이 사람에게는 상당히 특이한 습성이지만, 만약 장인의 정체가 오랑우탄이나 고릴라에 가까운 짐승이었다면 이런 특징은 당연해 보인다.

이렇게 보면 신라의 장인 이야기에서 〈킹콩King Kong〉 영화와 비슷한 느낌이 나기도 한다. 공교롭게도 지금까지 기간토피테쿠스의 화석은 인도, 중국 등의 아시아 지역에서 발견되었다. 이런 사실은 신라 근처의 어느 나라에 거대한 고릴라 같은 것이 살았다는 이야기와 슬며시 어울려 보인다고 나는 생각한다.

기록 속에서 장인은 무서운 거인 괴물이다. 단 한 마리만 있는 것도 아니고 '장인국'이라는 나라 이름이 있을 정도로 여러 마리가 널려 있었던 듯하다. 만약 이 기록이 사실이라면 도대체 신라 병사들이 장인들을 어떻게 물리쳤는지도 궁금해지는 문제다.

장인들은 사람보다 훨씬 더 거대할 테니 힘도 강할 것이다. 사나운 태도에 사람을 잡아먹기도 한다는 내용으로 보아 사람과 평화롭게 지내려고 하기보다는 경계하면서 자주 공격하기도 했을 듯하다. 고구려, 백제, 가야, 나중에는 발해로부터 나라를 지키기도 해야 했던 신라 입장에서는 먼 나라인 장인국에 병사들을 무작정 많이 보낼 수도 없었다. 그렇다면 아마도 장인들은 신라 병사들보다 숫자도 더 많았을 것이다. 어떻게 신라인들은 장인을 이겨 낼 수 있었을까?

쉽게 생각해 볼 수 있는 대답은 사람이 장인보다 두뇌가 더 발달했을 거라는 발상이다. 두뇌가 발달하면 맨손, 맨발로만 싸우는 것이 아니라 온갖 무기를 만들 수 있고, 불을 이용해서 적을 공격할 수도 있다. 그러니 비록 사람이 몸집은 작지만 두뇌가 장인보다 월등히 발달했다면 장인을 물리쳤을 수도 있을 듯하다.

그렇지만 과연 사람의 두뇌가 장인보다 발달했을지는 알 수 없는 일이다. 일단 장인의 덩치가 사람보다 그렇게나 크다면 두뇌도 클 가능성이 높다. 두뇌의 크기가 크다고 무조건 더 똑똑하고 지능이 발달한 것은 아니겠지만, 일단 두뇌가 크면 더 똑똑할 가능성은 생긴다.

게다가 원숭이, 유인원 등의 무리는 본래 두뇌가 발달한 편이다. 장인이 기간토피테쿠스 같은 거대한 오랑우탄이나 고릴라 부류의 동물이었다면 큰 두뇌 덕분에 오랑우탄이나 고릴라보다 더 지능이 높을 가능성은 충분하다. 실제로 미국 캘리포니아의 동물원 출신인 고릴라 코코Koko는 사람과 제법 깊이 있는 대화를 나눌 수 있을 정도로 수화를 익혔다는 기록도 있다. 그런 고릴라 비슷한 짐승이 사람보다 크기가 훨씬 더 큰 뇌를 갖고 있다면, 두뇌의 기능 자체는 사람 정도, 어쩌면 사람 이상일 수 있다고 나는 상상해 본다. 장인이 사람을 붙잡으면 옷을 만들게 시켰다는 전설의 내용을 보면, 최소한 옷의 편리함을 이해하고 사람을 붙잡아 두고 부려 먹을 수 있을 정도의 지능은 갖추고 있다는 이야기가 되기도 한다.

그렇다면 장인이 두뇌도 사람보다 더 뛰어나고 힘은 훨씬 더 센데, 도대체 어떻게 신라인들은 장인들을 물리칠 수 있었을까? 나는 기술 경영 분야에서 잘 알려진 이론을 따라가 보면서, 얄궂게도 장인이 오히려 이렇게 모든 면에서 사람보다 더 뛰어났기 때문에 사람에게 패배한 것 아닌가 하는 생각을 해 본다.

창, 칼 같은 무기를 만들고 복잡한 말로 서로 대화하며 작전을 짜는 재주는 태어날 때부터 사람이 할 줄 아는 본능은 아니다. 누군가 개발해 놓은 것을 배워서 얻는 지식이다. 그러니까 "맨손으로만 싸우는 것이 아니라 창이라는 무기를 만들어 싸운다."라는 누군가 개발한 혁신innovation이 사람들 사이에 퍼져 나가서 모든 사람이 배우게 되었다고 보아야 한다. 사람이 할 수 있는 일 중에는 이런 것들이 많다. 다양한 단어를 써서 말하는 재주조차도 사람들 사이에서 배우지 않으면 사람은 깨우치지 못한다.

에버렛 로저스Everett Rogers라는 학자가 주장한 혁신 확산 이론

innovation diffusion theory에 따르면 혁신은 그냥 일정하게 서서히 퍼져 나가는 것만은 아니라고 한다. 처음 어떤 혁신이 등장했을 때에는 그 혁신을 받아들이는 사람이 조금밖에 없다. 그렇지만 몇 가지 이유로 혁신이 퍼져 나가다가 어느 정도 수준을 넘어설 정도로 많이 퍼지면 갑자기 많은 사람 사이에 빠르게 혁신이 퍼져 나가게 된다. 그러니까 맨손이 아니라 무기를 만들어 싸우자는 생각을 누군가 해낸다 하더라도 그냥 그런 생각이 조금씩 계속 꾸준히 퍼져 나가는 것은 아니다. 무기를 쓰자는 생각이 모든 사람 사이에 빠르게 퍼져 나갈 정도의 힘을 갖추려면 먼저 그 생각을 받아들이는 사람이 어느 정도 숫자로 생겨 주어야 한다는 뜻이다.

혁신 확산 이론에서는 사람들이 처음 혁신을 받아들이는 이유로 상대적 이점relative advantage, 적합성compatibility, 복잡성complexity, 시험 가능성trialability, 관찰 가능성observability의 다섯 가지를 들고 있다. 혁신 확산 이론으로 따져 본다면 나는 사람이 장인들보다 몸이 약하고 머리가 나빠서 오히려 이런 면에서 더 유리했을 수 있다고 생각해 본다.

가장 큰 이유로 보이는 것은 상대적 이점이다. 상대적 이점은 본래의 기술과 새로 나온 혁신을 비교해 봤을 때 얼마나 더 좋게 느끼느냐를 말한다. 여기에서 중요한 말은 '비교해 봤을 때'다.

스마트폰에 핀테크 기술을 갖추어 전화기로 식당에서 돈을 내는 기술을 생각해 보자. 이런 기술은 편리하고 좋다. 현금을 많이 가지고 다닐 필요도 없고 무거운 동전이 많이 생기지도 않으며 돈을 얼마나 썼는지 기록도 저절로 된다. 즉 현금을 갖고 다니던 사람에게는 스마트폰으로 돈 내는 기술에 큰 이점이 있다.

그렇지만 만약 그 전부터 신용카드나 직불카드를 쓰는 사람이라면, 비교해 봤을 때 스마트폰으로 돈 내는 기술의 이점은 별로 크게 느껴지지 않는다. 즉 신용카드를 쓰는 사람에게는 스마트폰으로 돈 내는 기술의 상대적 이점이 작게 느껴진다. 신용카드를 쓰지 않고 현금만 쓰던 사람에게는 스마트폰으로 돈 내는 기술의 상대적 이점이 크게 느껴지는 것과는 반대다. 이런 이유로 스마트폰으로 돈 내는 기술은 신용카드가 많이 퍼져 있었던 한국보다는 신용카드가 덜 퍼져 있던 나라에서 오히려 훨씬 더 빨리 퍼져 나갈 수 있었다.

사람과 거인 사이에도 이런 일이 일어날 수 있다. 본래부터 이빨과 손발톱이 튼튼하고 힘이 센 거인들은 어지간한 무기를 사용한다고 해도 크게 싸움에 도움이 되었다는 느낌이 들지 않는다. 애초에 맨손으로 호랑이를 때려잡을 수 있는 거인에게 나뭇가지를 꺾어 만든 작은 무기가 생긴다고 한들 딱히 싸움에 더 유용하다는

핀테크 도입률
국제 회계 법인 어니스트앤영의 2015~2019년 데이터

느낌은 별로 들지 않을 것이다. 그러니 거인은 무기를 사용하고 도구를 써야 하는 일이 중요하다는 점을 못 느끼게 된다.

그렇지만 사람은 약하다. 무기가 없다면 호랑이나 곰은커녕, 살쾡이에게만 잘못 공격 당해도 곤욕을 치를 수 있다. 이럴 때는 나무 막대기 하나만 몽둥이로 휘두를 수 있더라도 큰 도움이 된다. 꼼짝없이 곰에게 잡아먹힐 수밖에 없을 때 뾰족하게 끝을 다듬어 놓은 나뭇가지 하나만 있어도 곰을 물리치고 목숨을 건질 기회를 잡을 수 있다. 별것 아닌 도구도 약한 사람에게는 큰 도움이 된다. 사람은 무기를 사용하고 도구를 쓰는 일이 중요하다는 점을 깨닫는다. 다들 무기를 들고 싸워야 한다고 생각하게 된다. 얼마 지나지 않아 사람들은 모두 무기가 중요하다고 생각하게 되고, 무기를 빠르게 개량해서 더 좋은 무기, 더 뛰어난 무기를 만들기 위해 애쓴다.

사람보다 더 강하고 사람보다 더 똑똑한 거인들은 나무 몽둥이를 휘둘러 보고 이런 무기는 별 쓸모가 없다고 포기했지만, 더 약한 사람들은 무기를 강하게 만드는 것만이 희망이라고 생각했기 때문에 무기를 개발하기로 하고 나중에는 칼을 만들고 화살을 만들게 된다. 무기만 연구하고 개발하는 사람들을 따로 두고 갖가지 장치를 만들게 된다. 나중에는 자동으로 발사되는 활과 화살을 만

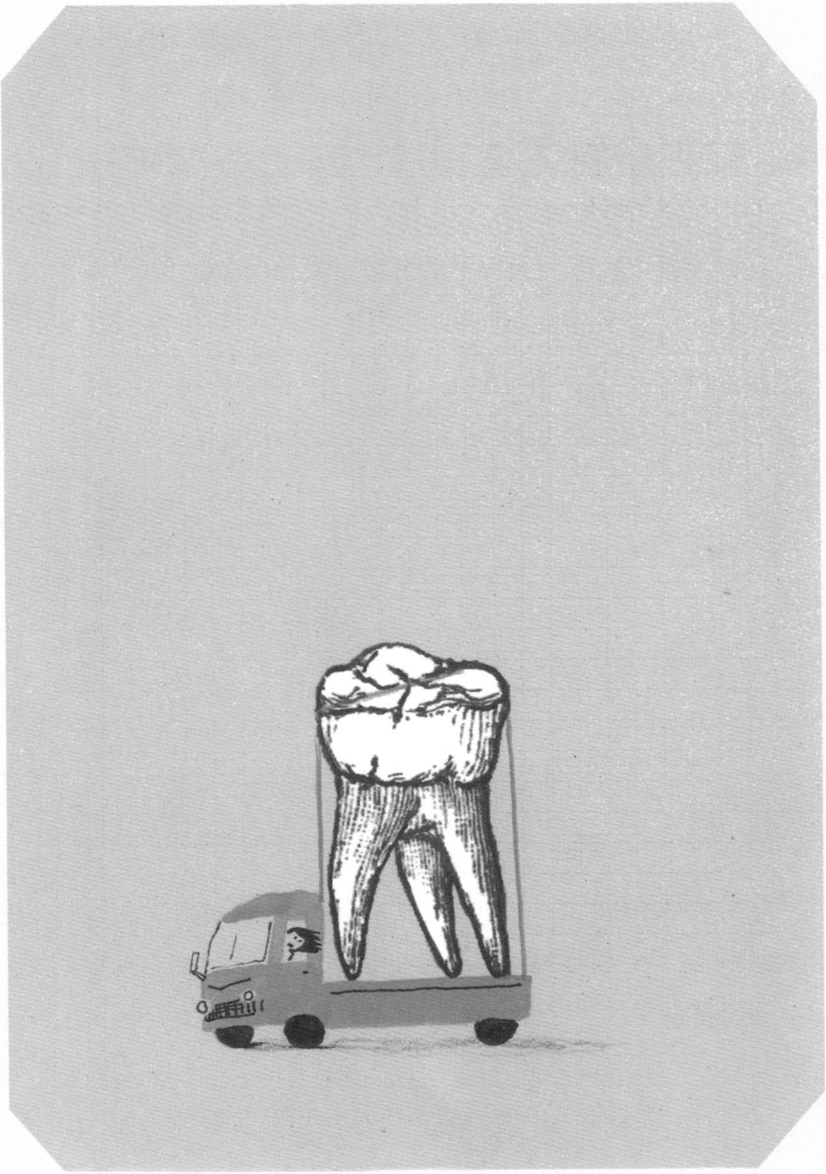

들어 멀찌감치 떨어진 거리에서 장인을 공격할 수도 있게 되고, 함정이나 덫을 만들어 공격하는 기술까지 개발하게 된다.

미국의 학자 클레이튼 크리스텐슨이 펴낸 책 『혁신기업의 딜레마The Innovator's Dilemma』에도 비슷한 생각이 나온다. 새로 나오는 기술 중에는 이미 나와 있던 기술을 아예 인기 없는 무용지물로 만들어 버리는 아주 새롭고 다른 것들, 즉 파괴적 혁신disruptive innovation이 있다. 그런데 기존의 기술로 이미 훌륭히 장사를 잘하고 있던 회사들은 본래 있던 기술로도 충분하니 이렇게 아주 새롭고 다른 기술을 굳이 도입할 이유가 없다. 그렇지만 그러는 사이에 다른 회사들이 새롭고 다른 기술로 파괴적 혁신을 일으켜 버리면 과거에 기술이 뛰어났던 회사들은 잠깐 사이에 뒤처져 버린다.

스마트폰이 세상에 나오기 전에 있었던 단순한 전화기들을 예로 들어 보자. 이런 단순한 전화기를 잘 만들어 팔던 회사들은 이미 단순한 전화기를 잘 만들어 파는 데 훌륭한 기술을 갖고 있었으므로 스마트폰이라는 아주 새롭고 다른 기계를 만드는 기술에 굳이 관심을 가질 이유가 없었다. 그러는 사이에 다른 회사가 스마트폰이라는 새로운 기계를 들고 나와서 삽시간에 세상 모든 사람이 스마트폰을 쓰는 시대로 세상을 바꾸어 버린다. 단순한 전화기를 만드는 기술이 아주 뛰어났던 회사들은 갑자기 뒤처지게 된다.

사람과 거인의 다툼에서는 무기를 사용하는 기술이 바로 파괴적 혁신에 해당한다고 생각해 볼 만하다. 맨손으로 싸우는 일에 너무 뛰어났던 거인은 무기를 만들어서 싸운다는 혁신에 관심을 가질 이유가 없다. 반대로 맨손 싸움에 거인보다 훨씬 재주가 없는 사람들은 무기를 만들고 서로 협동해서 작전을 세우는 혁신에 관심을 갖고 매달린다. 결국 파괴적 혁신이 일어나 무기를 이용해 싸우는 기술이 발달하면 맨손으로 싸우는 것과는 비교가 되지 않을 정도로 강해진다. 온갖 무기를 갖춘 사람 사냥꾼들은 거인을 압도하게 된다.

만약 이런 일이 정말로 일어났다면, 신라 사람들이 장인을 몰아낸 것은 몇 년, 몇십 년의 짧은 시간 동안에 일어났을 거라고 나는 상상한다. 장인은 거인이면서도 두뇌가 뛰어난 만큼, 충분한 시간이 있었다면 결국 좋은 무기가 있고 여럿이 힘을 합쳐서 싸워야 더 강하다는 사람의 수법을 배웠을 것이다. 어쩌면 사람의 수법을 배워 가며 살아남은 최후의 장인은 황소만 한 크기의 거대한 도끼 같은 것을 만들어서 달려드는 사람들과 싸웠을지도 모른다.

그러므로 신라 사람들은 무기와 불을 사용하는 기술이 장인들 사이에 널리 퍼지기 전에 재빨리 장인국 곳곳을 돌아다니며 장인을 하나하나 사냥해서 몰아냈을 것이다.

신라 석굴암 인왕상 부조 건판
국립중앙박물관 소장, 일제강점기 촬영

자기 몸에 달린 톱니 같은 이빨과 갈고리 같은 손톱이 세상에서 가장 강하다고 생각했던 이 거인 종족은 신라 병사들의 속임수에 넘어가 함정에 빠지고, 유인작전에 걸려들어 강철 요새로 돌진하다가 자동 장치에서 쏟아져 나오는 화살들을 뒤집어써야 했을 것이다. 그런 식으로 사람보다 훨씬 더 강한 육체와 더 뛰어난 정신을 가진 거인들은 사라져 갔다.

이름을 떨치고 싶어 한 신라 장군 한 사람이 거인 하나를 산 채로 붙잡아 우리에 가두어 신라 궁전까지 구경거리로 싣고 갔을 수도 있지 않을까 싶다. 그러면 자신의 종족이 전멸했다는 사실을 이미 잘 아는 거인은 낯선 신라의 거리로 끌려와 좁은 우리 속에 갇혀 자신을 구경하는 수많은 조그만 사람들의 눈을 보며 끝도 없이 이어지는 여러 생각에 깊이깊이 빠져들었을지도 모르겠다.

흡혈귀

STOKER, Bram. Dracula. Archibald Constable and Company, 1897.

「선지」, <쿡쿡TV>.

이태신, 『체육학대사전』, 민중서관, 2000.

대한간호학회, 『간호학대사전』, 한국사전연구사, 1996.

박상갑, et al., 「복합운동이 비만 중년 남성의 경동맥 최고수축기 혈류속도와 상완동맥 혈류중재 확장반응에 미치는 영향」, 『한국사회체육학회지』, 2010, 39.2: 673-682.

GILLESPIE, Theresa W.; HILLYER, Christopher D. Blood donors and factors impacting the blood donation decision. Transfusion Medicine Reviews, 2002, 16.2: 115-130.

GLYNN, Simone A., et al. Motivations to donate blood: demographic comparisons. Transfusion, 2002, 42.2: 216-225.

PHILLIPS, A. M. Calorie and energy requirement. Fish nutrition, 1972, 2-29.

PARK, H. H.; KIM, E. S.; SUNG, N. E. Contents of Lipids of Traditional Diet in Korea. Journal of Nutrition and Health, 1978, 11.1: 27-32.

「식품영양성분 데이터베이스」, <식품안전정보원 식품안전정보포털 식품안전나라>.

용

일연, 『삼국유사』, 을유문화사, 2013.

안창현, 「고구려 고분벽화에 나타난 장식문양 연구」, 『복식』, 2003, 53.4: 131-148.

이정란, 「高麗 王家의 龍孫意識과 왕권의 변동」, 『한국사학보』, 2014, 55: 7-41.

「'국내 최대' 서울 서남 물재생 센터 지하화·현대화, 9월 가동」, <연합뉴스>, 2019. 8. 28.

EVANS, Jonathan. The Dragon-Lore of Middle-earth: Tolkien and Old English and Old Norse Tradition. CONTRIBUTIONS TO THE STUDY OF SCIENCE FICTION AND FANTASY, 2000, 89: 21-38.

JOHNSON, Kristen A.; JOHNSON, De E. Methane emissions from cattle. Journal of animal science, 1995, 73.8: 2483-2492.

MOE, P. W.; TYRRELL, H. F. Methane production in dairy cows. Journal of Dairy Science, 1979, 62.10: 1583-1586.

PITTAM, D. A.; PILCHER, G. Measurements of heats of combustion by flame calorimetry. Part 8.—Methane, ethane, propane, n-butane and 2-methylpropane. Journal of the Chemical Society, Faraday Transactions 1: Physical Chemistry in Condensed Phases, 1972, 68: 2224-2229.

HERTZ, Paul E.; HUEY, Raymond B.; NEVO, Eviatar. Fight versus flight: body temperature influences defensive responses of lizards. Animal Behaviour, 1982, 30.3: 676-679.

HUEY, Raymond B.; PIANKA, Eric R. Seasonal variation in thermoregulatory behavior and body temperature of diurnal Kalahari lizards. Ecology, 1977, 58.5: 1066-1075.

KING, James R.; FARNER, Donald S. Energy metabolism, thermoregulation and body temperature. Biology and comparative physiology of birds, 1961, 2: 215-288.

곽재식, 『한국 괴물 백과』, 워크룸프레스, 2018.

오공원

「왕지네」. 『두산백과』, http://www.doopedia.co.kr

SALVADOR, Rodrigo B. The biology of giant war centipedes. Journal of Geek Studies, 2016, 3.1: 1-11.

한국식품과학회, 『식품과학기술 대사전』, 광일문화사, 2008.

RINAUDO, Marguerite. Chitin and chitosan: properties and applications. Progress in polymer science, 2006, 31.7: 603-632.

LANDIS, E. B. Korean folk-tales. The Journal of American Folklore, 1897, 10.39: 282-292.

UNDHEIM, Eivind AB; KING, Glenn F. On the venom system of centipedes (Chilopoda), a neglected group of venomous animals. Toxicon, 2011, 57.4: 512-524.

UNDHEIM, Eivind AB; FRY, Bryan G.; KING, Glenn F. Centipede venom: recent discoveries and current state of knowledge. Toxins, 2015, 7.3: 679-704.

BALIT, Corrine R., et al. Prospective study of centipede bites in Australia. Journal of Toxicology: Clinical Toxicology, 2004, 42.1: 41-48.

HARRISON, Jon F.; KAISER, Alexander; VANDENBROOKS, John M. Atmospheric oxygen level and the evolution of insect body size. Proceedings of the Royal Society B: Biological Sciences, 2010, 277.1690: 1937-1946.

CALLIER, Viviane; NIJHOUT, H. Frederik. Control of body size by oxygen supply reveals size-dependent and size-independent mechanisms of molting and metamorphosis. Proceedings of the National Academy of Sciences, 2011, 108.35: 14664-14669.

VERBERK, Wilco CEP; BILTON, David T. Can oxygen set thermal limits in an insect and drive gigantism?. PLoS One, 2011, 6.7: e22610.

곽재식, 『한국 괴물 백과』, 워크룸프레스, 2018.

윤우현; 엄기찬, 「우리 동네; 청주시 상당구 오근장동」, 〈중부매일〉, 2009. 7. 28.

심재; 조융희 등 번역, 『교감 역주 송천필담』, 보고사, 2009.

불가살이

조재현, 「韓國 〈불가살이〉 說話와 日本 〈奈良縣風俗誌料〉 昔話 比較 硏究」, 『일어일문학』, 2009, 42: 277-288.

GUNDUZ, O., et al. A new method for fabrication of nanohydroxyapatite and TCP from the sea snail Cerithium vulgatum. Journal of Nanomaterials, 2014, 2014: 1.

BARBER, Asa H.; LU, Dun; PUGNO, Nicola M. Extreme strength observed in limpet teeth. Journal of The Royal Society Interface, 2015, 12.105: 20141326.

EMERSON, David; FLEMING, Emily J.; MCBETH, Joyce M. Iron-oxidizing bacteria: an environmental and genomic perspective. Annual review of microbiology, 2010, 64: 561-583.

EMERSON, David; MOYER, Craig. Isolation and characterization of novel iron-oxidizing bacteria that grow at circumneutral pH. Appl. Environ. Microbiol., 1997, 63.12: 4784-4792.

DISPIRITO, Alan A., et al. Flagella and pili of iron-oxidizing thiobacilli isolated from a uranium mine in Northern Ontario, Canada. Appl. Environ. Microbiol., 1982, 43.5: 1196-1200.

JOHNSON, D. Barrie; HALLBERG, Kevin B. The microbiology of acidic mine waters. Research in microbiology, 2003, 154.7: 466-473.

MANNING, Herbert L. New medium for isolating iron-oxidizing and heterotrophic acidophilic bacteria from acid mine drainage. Appl. Environ. Microbiol., 1975, 30.6: 1010-1016.

늑대 인간

곽재식, 『한국 괴물 백과』, 워크룸프레스, 2018.

GÓMEZ-ALONSO, Juan. Rabies: a possible explanation for the vampire legend. Neurology, 1998, 51.3: 856-859.

DE BLÉCOURT, Willem. Monstrous Theories: Werewolves and the Abuse of History. Preternature: Critical and Historical Studies on the Preternatural, 2013, 2.2: 188-212.

ALAJLAN, Abdulmajeed, et al. Paradoxical hypertrichosis after laser epilation. Journal of the American Academy of Dermatology, 2005, 53.1: 85-88.

TRÜEB, Ralph M. Causes and management of hypertrichosis. American journal of clinical dermatology, 2002, 3.9: 617-627.

MATSUMOTO, Seiichi. Electron microscope studies of rabies virus in mouse brain. The Journal of cell biology, 1963, 19.3: 565-591.

질병관리본부; 대한의학회; 대한감염학회, 「공수병/감염병 실험진단」, <질병관리본부 국가건강정보포털 건강정보>, 2012. 9. 25.

개구리 왕자

GRIMM, Jacob; GRIMM, Wilhelm; SLOHM, Natalie. The frog prince. Trajectory, Incorporated, 2013.

「황소개구리」, 『두산백과』, http://www.doopedia.co.kr

곽재식, 『행성 대관람차』, 그래비티북스, 2017.

CASE, E. C. Restoration of Diadectes. The Journal of Geology, 1907, 15.6: 556-559.

GRINVALD, Anglister, et al. Real-time optical imaging of naturally evoked electrical activity in intact frog brain. Nature, 1984, 308.5962: 848.

SCHÄFER, Marvin, et al. Goliath frogs build nests for spawning-the reason for their gigantism?. Journal of Natural History, 2019, 53.21-22: 1263-1276.

YOVANOVICH, Carola A. M., et al. Lens transmittance shapes ultraviolet sensitivity in the eyes of frogs from diverse ecological and phylogenetic backgrounds. PROCEEDINGS OF THE ROYAL SOCIETY B, 2020, 287.1918.

곽재식, 『한국 괴물 백과』, 워크룸프레스, 2018.

요정

「긴꼬리산누에나방」, 『두산백과』, http://www.doopedia.co.kr

「관박쥐」. 『두산백과』, http://www.doopedia.co.kr

「집박쥐」. 『두산백과』, http://www.doopedia.co.kr

SURLYKKE, Annemarie, et al. Echolocation in two very small bats from Thailand Craseonycteris thonglongyai and Myotis siligorensis. Behavioral ecology and sociobiology, 1993, 33.1: 1-12.

OZEKI, Hiroyuki, et al. Chemical characterization of pheomelanogenesis starting from dihydroxyphenylalanine or tyrosine and cysteine.: Effects of tyrosinase and cysteine concentrations and reaction time. Biochimica et Biophysica Acta (BBA)-General Subjects, 1997, 1336.3: 539-548.

BHAK, Youngjune, et al. Myotis rufoniger genome sequence and analyses: M. rufoniger's genomic feature and the decreasing effective population size of Myotis bats. PloS one, 2017, 12.7: e0180418.

HAYSSEN, Virginia. Bradypus variegatus (Pilosa: Bradypodidae). Mammalian Species, 2010, 42.850: 19-32.

박세욱, 「한중 果下馬 비교연구」, 『동아인문학』, 2012, 23: 187-230.

CAMPBELL, Mary Baine. Artificial men: Alchemy, transubstantiation, and the homunculus. Republics of Letters: A Journal for the Study of Knowledge, Politics, and the Arts, 2010, 1: 4-15.

ASHWORTH, Hannah. How long is your DNA?. Science Focus.

REILLY, Robert J. Tolkien and the Fairy Story. Thought: Fordham University Quarterly, 1963, 38.1: 89-106.

AUSTAD, Steven N.; FISCHER, Kathleen E. Mammalian aging, metabolism, and ecology: evidence from the bats and marsupials. Journal of Gerontology, 1991, 46.2: B47-B53.

PODLUTSKY, Andrej J., et al. A new field record for bat longevity. The Journals of Gerontology Series A: Biological Sciences and Medical Sciences, 2005, 60.11: 1366-1368.

BRUNET-ROSSINNI, Anja K.; AUSTAD, Steven N. Ageing studies on bats: a review. Biogerontology, 2004, 5.4: 211-222.

LORENZINI, Antonello, et al. Significant correlation of species longevity with DNA double strand break recognition but not with telomere length. Mechanisms of ageing and development, 2009, 130.11-12: 784-792.

GREENBAUM, Ira F.; BAKER, Robert J.; WILSON, Don E. Evolutionary implications of the karyotypes of the stenodermine genera Ardops, Ariteus, Phyllops, and Ectophylla. Bulletin of the Southern California Academy of

Sciences, 1975, 74.3: 156-159.

ALLEN, Harrison. Description of a new genus of phyllostome bats. Proceedings of the United States National Museum, 1892.

도깨비

KWON, M., et al. Overview of KSTAR initial operation. Nuclear Fusion, 2011, 51.9: 094006.

PAIXÃO, Maria Fátima; CACHAPUZ, Antonio. Mass conservation in chemical reactions: The development of an innovative teaching strategy based on the history and philosophy of science. Chemistry Education Research and Practice, 2000, 1.2: 201-215.

PARKER, Leonard. Particle creation in expanding universes. Physical Review Letters, 1968, 21.8: 562.

MUHYEDEEN, Bahjat RJ. New Concept of Mass-Energy Equivalence. Euro. J. Sci. Res, 2009, 26.2: 161-175.

ZAGREBAEV, V. I. Fusion-Fission Dynamics of Super-Heavy Element Formation and Decay. In: AIP Conference Proceedings. AIP, 2004. p. 31-40.

COWAN, John J.; SNEDEN, Christopher. Heavy element synthesis in the oldest stars and the early Universe. Nature, 2006, 440.7088: 1151.

김학선, 「韓國說話에 나타난 도깨비」, 『국제어문』, 1982, 3: 69-93.

곽재식, 『한국 괴물 백과』, 워크룸프레스, 2018.

유령

DEL RIO, R. Abarca. The influence of global warming in Earth rotation speed. In: Annales Geophysicae. Springer-Verlag, 1999. p. 806-811.

CONKLIN, E. K. Velocity of the Earth with respect to the Cosmic Background Radiation. Nature, 1969, 222.5197: 971-972.

SUNDERMIER, Ali. The sun will destroy Earth a lot sooner than you might think.

Independent, 19/JAN/2018.

이은희; 한영호; 강민정, 「아랍에서 조선까지 이슬람 역법의 전래와 수용」, 『한국과학사학회지』, 2018, 40.1: 29-58.

박권수, 「조선의 역서(曆書) 간행과 로컬사이언스」, 『한국과학사학회지』, 2013, 35.1: 69-103.

김현. 「조선 시대 한·중·일 음·양 연력 비교 조사 연구」, 『민족문화연구』, 2000, 33: 449-474.

FINKLEMAN, David, et al. The Future of Time: UTC and the Leap Second: Earth's clocks have always provided Sun time. But will that continue?. American Scientist, 2011, 99.4: 312-319.

미라

공조설비용어사전편찬회, 『공조냉동건축 설비용어사전』, 일진사, 2011.

BRANDT-RAUF, P. W.; BRANDT-RAUF, S. I. History of occupational medicine: relevance of Imhotep and the Edwin Smith papyrus. British journal of industrial medicine, 1987, 44.1: 68.

ĐURIČKOVIĆ, Ivana, et al. Water-ice phase transition probed by Raman spectroscopy. Journal of Raman Spectroscopy, 2011, 42.6: 1408-1412.

NOYES, Nicole; PORCU, E.; BORINI, A. Over 900 oocyte cryopreservation babies born with no apparent increase in congenital anomalies. Reproductive biomedicine online, 2009, 18.6: 769-776.

IKRAM, Salima; DODSON, Aidan. The mummy in ancient Egypt. Equipping the dead for eternity, London, 1998, 138.

BENECKE, Mark. Arthropods and corpses. In: Forensic pathology reviews. Humana Press, 2005. p. 207-240.

METCALF, Jessica L., et al. Microbial community assembly and metabolic function during mammalian corpse decomposition. Science, 2016, 351.6269: 158-162.

PÄÄBO, Svante. Molecular cloning of ancient Egyptian mummy DNA. nature,

1985, 314.6012: 644-645.

COCKBURN, Aidan, et al. Autopsy of an Egyptian mummy. Science, 1975, 187.4182: 1155-1160.

MORRISS, Gary P.; RONDONI, Lamberto. Definition of temperature in equilibrium and nonequilibrium systems. Physical Review E, 1999, 59.1: R5.

FRENKEL, Daan; WARREN, Patrick B. Gibbs, Boltzmann, and negative temperatures. American Journal of Physics, 2015, 83.2: 163-170.

BEYLER, Craig L.; HIRSCHLER, Marcelo M. Thermal decomposition of polymers. SFPE handbook of fire protection engineering, 2002, 2.

HÖLLERING, Robert, et al. Simulation of organic reactions: from the degradation of chemicals to combinatorial synthesis. Journal of chemical information and computer sciences, 2000, 40.2: 482-494.

KLIMENKO, A. Y. Teaching the third law of thermodynamics. arXiv preprint arXiv:1208.4189, 2012.

ERLICHSON, Herman. Kelvin and the absolute temperature scale. European Journal of Physics, 2001, 22.4: 325.

불사조

이덕무, 「사나운 새의 종류」, 『한죽당섭필 청장관전서 제68권』, 〈한국고전종합DB〉.

이우종, 「조선 시대 공포의 봉황두 발생 배경 연구」, 『대한건축학회 논문집-계획계』, 2014 May; 30(5): 165-74.

NIEHOFF, Maren R. The Phoenix in rabbinic literature. Harvard Theological Review, 1996, 89.3: 245-265.

HILL, John Spdencer. The Phoenix. Religion & Literature, 1984, 61-66.

피닉스, 『두산백과』, http://www.doopedia.co.kr

정민, 「18세기 지식인의 완물(玩物) 취미와 지적 경향-『발합경』과 『녹앵무경』을 중심으로」, 『고전문학연구』, 2003; 23: 327-54.

WILTSCHKO, Wolfgang, et al. Lateralization of magnetic compass orientation in a migratory bird. Nature, 2002, 419.6906: 467.

ENGELS, Svenja, et al. Anthropogenic electromagnetic noise disrupts magnetic compass orientation in a migratory bird. Nature, 2014, 509.7500: 353.

MOURITSEN, Henrik; HORE, P. J. The magnetic retina: light-dependent and trigeminal magnetoreception in migratory birds. Current opinion in neurobiology, 2012, 22.2: 343-352.

CUELLAR, Orlando. Animal parthenogenesis. Science, 1977, 197.4306: 837-843.

WATTS, Phillip C., et al. Parthenogenesis in Komodo dragons. Nature, 2006, 444.7122: 1021.

REATTY, Richard A. Parthenogenesis in vertebrates. In: Fertilization. Academic Press, 1967. p. 413-440.

BULLETTI, Carlo, et al. The artificial womb. Annals of the New York Academy of Sciences, 2011, 1221.1: 124-128.

SIMONSTEIN, Frida. Artificial reproduction technologies (RTs)-all the way to the artificial womb?. Medicine, Health Care and Philosophy, 2006, 9.3: 359.

Croce CM, Calin GA. miRNAs, cancer, and stem cell division. Cell. 2005 Jul 15; 122(1): 6-7.

Copelan EA. Hematopoietic stem-cell transplantation. New England Journal of Medicine. 2006 Apr 27; 354(17): 1813-26.

흰여우

윤경수, 「『온달전』의 심리학적 분석과 문학작품화-온달 부부와 인간상과 문학의 영향」, 『한국사상과 문화』, 2016; 82: 7-37.

Leyden JJ, Kligman AM. Interdigital athlete's foot: the interaction of dermatophytes and resident bacteria. Archives of dermatology. 1978 Oct 1; 114(10): 1466-72.

Hainer BL. Dermatophyte infections. American family physician. 2003 Jan 1; 67(1): 101-10.

Dai YC. Hymenochaetaceae (Basidiomycota) in China. Fungal Diversity. 2010 Dec 1; 45(1): 131-343.

NATIONAL GEOGRAPHIC. About the Fennec Fox. NATIONAL GEOGRAPHIC, https://www.nationalgeographic.com/animals/mammals/f/fennec-fox/

VALDESPINO, Carolina; ASA, Cheryl S.; BAUMAN, Joan E. Estrous cycles, copulation, and pregnancy in the fennec fox (Vulpes zerda). Journal of Mammalogy, 2002, 83.1: 99-109.

BENDER, Andrea; BELLER, Sieghard. Nature and culture of finger counting: Diversity and representational effects of an embodied cognitive tool. Cognition, 2012, 124.2: 156-182.

EDELMAN, D. On the history of non-decimal systems and their elements in numerals of Aryan languages. Numeral types and changes worldwide, 1999, 222-241.

LATIF, Shahid, et al. Complete description of well-known number systems using single table. International Journal of Engineering and Computer Science (IJECS-IJENS), 2011, 11.03.

PLANTZ, Albert R.; BERMAN, Martin. Adoption of the octal number system. IEEE Transactions on Computers, 1971, 100.5: 593-598.

MCKEEMAN, W. M. Representation error for real numbers in binary computer arithmetic. IEEE Transactions on Electronic Computers, 1967, 5: 682-683.

곽재식, 『한국 괴물 백과』, 워크룸프레스, 2018.

거인

곽재식, 『한국 괴물 백과』, 워크룸프레스, 2018.

Howell DL. Ainu ethnicity and the boundaries of the early modern Japanese state. Past & Present. 1994 Feb 1; 142(1): 69-93.

SIMONS, Elwyn L.; ETTEL, Peter C. Gigantopithecus. Scientific American, 1970, 222.1: 76-87.

GROVES, Colin P. Gigantopithecus and the mountain gorilla. Nature, 1970, 226.5249: 973-974.

CIOCHON, Russell, et al. Dated co-occurrence of Homo erectus and

Gigantopithecus from Tham Khuyen cave, Vietnam. Proceedings of the National Academy of Sciences, 1996, 93.7: 3016-3020.

JIN, ChangZhu, et al. A newly discovered Gigantopithecus fauna from Sanhe Cave, Chongzuo, Guangxi, South China. Chinese Science Bulletin, 2009, 54.5: 788-797.

Patterson F, Tanner J, Mayer N. Pragmatic analysis of gorilla utterances: Early communicative development in the gorilla Koko. Journal of Pragmatics. 1988 Feb 1; 12(1): 35-54.

CHRISTENSEN, Clayton M., et al. Disruptive innovation for social change. Harvard business review, 2006, 84.12: 94.

CHRISTENSEN, Clayton M.; RAYNOR, Michael E.; MCDONALD, Rory. What is disruptive innovation. Harvard business review, 2015, 93.12: 44-53.

CHRISTENSEN, Clayton M.; KAUFMAN, Stephen P.; SHIH, Willy C. Innovation killers. Harvard business review, 2008, 86.1: 98-105.

HART, Stuart L.; CHRISTENSEN, Clayton M. The great leap: Driving innovation from the base of the pyramid. MIT Sloan management review, 2002, 44.1: 51.

LEE, Ting-Ting. Nurses' adoption of technology: application of Rogers' innovation-diffusion model. Applied Nursing Research, 2004, 17.4: 231-238.

SAHIN, Ismail. Detailed review of Rogers' diffusion of innovations theory and educational technology-related studies based on Rogers' theory. Turkish Online Journal of Educational Technology-TOJET, 2006, 5.2: 14-23.

LUNDBLAD, Jennifer P. A review and critique of Rogers' diffusion of innovation theory as it applies to organizations. Organization Development Journal, 2003, 21.4: 50.

괴물 과학 안내서

초판 1쇄 펴낸날 | 2020년 6월 25일
초판 5쇄 펴낸날 | 2021년 11월 29일

지은이 | 곽재식
그린이 | 김진화
펴낸이 | 홍지연
총괄본부장 | 김영숙
편집장 | 고영완
편집 | 소이언 정아름 김선현 전희선 한지연
디자인 | 오성희 남희정 박태연
마케팅 | 강점원 최은 이희연
관리 | 정상희
인쇄 | 에스제이 피앤비

펴낸곳 | ㈜우리학교
출판등록 | 제313-2009-26호(2009년 1월 5일)
주소 | 03992 서울시 마포구 동교로 23길 32 2층
전화 | 02-6012-6094
팩스 | 02-6012-6092
홈페이지 | www.woorischool.co.kr
이메일 | woorischool@naver.com

ISBN 979-11-90337-38-0 43400